Dirk Endisch

Baureihe 99.77-79

trans press Fahrzeugportrait

Dirk Endisch

Baureihe 99.77-79

trans press

Einbandgestaltung: Katja Draenert

Titelbild: Dirk Endisch
Auf der Weißeritztalbahn von Freital-Hainsberg nach Kurort Kipsdorf bespannen die Dampfloks der BR 99$^{77\text{-}79}$ noch täglich Reisezüge. In der Einsatzstelle Freital-Hainsberg ergänzte die 99 789 im September 2000 ihren Kohlenvorrat.

Rücktitel: Axel Mehnert
Im Bahnhof Cranzahl stand am 20. Februar 1976 die 99 771 mit ihrem Personenzug nach Oberwiesenthal.

ISBN: 3-613-71178-8

© 2001 by transpress Verlag,
Postfach 10 37 43, 70032 Stuttgart.
Ein Unternehmen der Paul Pietsch Verlage
GmbH & Co.

1. Auflage 2001

Lektorat: Hartmut Lange
Innengestaltung: Viktor Stern
Scans: digi bild reinhardt, 73037 Göppingen
Druck: Maisch & Queck, 70839 Gerlingen
Bindung: Dieringer, 70839 Gerlingen
Printed in Germany

Vorwort

Auch nach dem Ende der Traktionsart Dampf auf Deutschlands Regelspurstrecken im Herbst 1988 gibt es heute noch Bahnlinien, auf denen Tag ein Tag aus Dampflokomotiven Züge sicher und pünktlich ans Ziel bringen. Aber die Schmalspurbahnen an der Ostsee, im Harz und in Sachsen sind dabei mehr als nur reine Touristenattraktionen, die in jedem Jahr zahlreiche Besucher anlocken. Vielerorts spielen die Bimmelbahnen noch immer eine wichtige Rolle im öffentlichen Personennahverkehr. Doch der Betrieb auf den Strecken Putbus–Göhren, Freital-Hainsberg–Kurort Kipsdorf, Radebeul Ost–Radeburg und Cranzahl–Oberwiesenthal wäre ohne die kraftvollen 1'E1'-Tenderloks der Baureihe 99$^{77-79}$ nicht möglich.

Die fast ein halbes Jahrhundert alte Baureihe blickt auf eine bewegte Geschichte zurück: Anfang der 50er-Jahre fehlten der Reichsbahndirektion (Rbd) Dresden für die steigungs- und krümmungsreichen Schmalspurbahnen im Erzgebirge leistungsfähige Maschinen. Die Generaldirektion der Deutschen Reichsbahn gab deshalb beim VEB Lokomotivbau »Karl Marx« Babelsberg eine zugstarke Schmalspur-Dampflok in Auftrag, die sich an den bewährten Einheitsmaschinen der Baureihe 99$^{73-76}$ orientieren sollte. Unter großem Zeitdruck entstand so die erste Neubau-Dampflok der Deutschen Reichsbahn. Bereits Ende 1952 stampften die vier Baumuster der Baureihe 99$^{77-79}$, von den Personalen in Anlehnung an sächsische Traditionen als »Neubau-VII K« bezeichnet, durch das Erzgebirge. Doch die Eile bei der Entwicklung und die teilweise gravierenden Fertigungsmängel trübten die Freude an den insgesamt 24 Maschinen. Aber die Reichsbahn brauchte sie dringend und steckte viel Zeit und Geld in die Unterhaltung der Loks. Anfang der 90er-Jahre ließ sie sogar für 14 Maschinen neue Rahmen und Kessel bauen. Ein wichtiger Grund, warum die Neubau-VII K noch heute auf der Insel Rügen und im Erzgebirge im Einsatz ist.

Das vorliegende Buch beschreibt ausführlich Entwicklung, Technik und Einsätze der Neubau-VII K. Aus Gründen der Übersichtlichkeit wurde der Betriebsmaschinendienst nach den Heimatbahnbetriebswerken der Baureihe 99$^{77-79}$ geordnet. Die umfangreichen Lokwechsel zwischen den einzelnen Einsatzstellen und Strecken – oft nur von wenigen Tagen oder Wochen Dauer – werden aus Platzgründen nicht bis ins letzte Detail dargestellt. Grundlage für die umfangreiche Statistik bildeten die Betriebsbücher und Unterlagen der Bahnbetriebswerke, wobei die Daten teilweise stark voneinander abwichen. Im Zweifelsfall gab ich jedoch den Angaben in den Betriebsbüchern den Vorzug.

Aus Gründen der Einheitlichkeit und besseren Lesbarkeit werden in dem gesamten Buch die bis 1970 gebräuchlichen Loknummern verwendet. Dies gilt auch für die Zeit ab 1992, als die Deutsche Reichsbahn die Maschinen der Baureihe 99$^{77-79}$ in 099 736 bis 099 757 umzeichnete. Bei der Schreibung der Orts- und Bahnhofsnamen richtete ich mich nach den letzten bzw. heute gültigen Bezeichnungen.

An dieser Stelle möchte ich auch allen Eisenbahnfreunden danken, die mir bei den Recherchen und der Bildbeschaffung geholfen haben. Mein besonderer Dank gilt dabei Klaus Kieper, Michael Klaus, Jan Lukow, Jürgen Rech, Wolf-Dietger Machel, Axel Mehnert und Uwe Miethe. *Last but not least* ein besonderes Dankeschön an meine Freundin Manuela Lieske, die mich bei der Korrektur des Textes tatkräftig unterstützte.

Leonberg-Höfingen, im Juli 2001
Dirk Endisch

Inhalt

1. Sachsens Schmalspurbahnen und die Lokomotiven

1.1 Die Entwicklung des sächsischen Schmalspurnetzes

Das Königreich Sachsen und später die Reichsbahndirektion Dresden besaß das dichteste Schmalspurnetz in Deutschland. Die Gründe dafür sind in der Eisenbahn-Politik des Königreiches zu suchen. Bei der Entwicklung des Eisenbahnwesens in Deutschland erwarb sich Sachsen besondere Verdienste. Bereits kurze Zeit nach der Eröffnung der ersten deutschen Eisenbahnstrecke zwischen Nürnberg und Fürth im Jahr 1835 erkannten Regierung und Unternehmer in Sachsen die Bedeutung des neuen Verkehrsmittels für die Entwicklung der Wirtschaft. Allerdings hielt sich der Staat beim Bau von Eisenbahnlinien noch zurück. Dies überließ die sächsische Regierung privaten In-

■ Der Güterverkehr war das wichtigste Standbein der Strecke Oschatz–Mügeln–Kemmlitz. Obwohl die DR hier den Personenverkehr im September 1975 einstellte, blieb die im Volksmund »Wilder Robert« genannte Strecke erhalten. Die Kaolingruben in Kemmlitz sicherten das Bestehen der Schmalspurbahn. Am 9. April 1991 rangierte die 99 582 in Mügeln. *Foto: Endisch*

Zu den bekanntesten sächsischen Schmalspurbahnen gehörte die Preßnitztalbahn von Wolkenstein nach Jöhstadt, die für viele Eisenbahnfreunde romantischste Strecke überhaupt war. Doch ihre Popularität rettete die Preßnitztalbahn nicht: 1986 legte die DR die Strecke endgültig still. Eisenbahnfreunde bauten den Abschnitt Steinbach–Jöhstadt wieder auf. Am 16. Februar 2001 fuhr die 99 590 in den Bahnhof Schlössel ein. *Foto: Endisch*

vestoren. Mit der Eröffnung der 10,6 km langen Strecke Leipzig Dresdner Bahnhof–Althen durch die Leipzig-Dresdner Eisenbahn-Compagnie (LDE) am 24. April 1837 begann das Eisenbahnzeitalter in Sachsen. Fast genau zwei Jahre später ging am 2. April 1839 mit der Verbindung Leipzig–Riesa–Dresden die erste deutsche Fernbahn in Betrieb.

Die wirtschaftlichen Erfolge der LDE und die Impulse des neuen Verkehrsmittels für Handel und Industrie führten zu einer wahren Eisenbahn-Euphorie in Sachsen. Überall entstanden Komitees, die sich für den Bau neuer Eisenbahnstrecken engagierten. Bereits am 22. Juni 1841 konstituierte sich in Leipzig die »Sächsisch-Baierische Eisenbahn-Compagnie«, die die Strecke Leipzig–Altenburg–Reichenbach–Hof baute. Der sächsische

Staat und das Herzogtum Sachsen-Altenburg unterstützten das Unternehmen mit einem Zuschuss in Höhe von 1,5 Millionen Talern. Doch die enormen Kosten beim Bau der Viadukte über das Göltzsch- und Elstertal brachten die Sächsisch-Baierische Eisenbahn in finanzielle Schwierigkeiten.

Im Herbst 1846 bot das Direktorium der Sächsisch-Baierischen Eisenbahn dem Königreich Sachsen die Übernahme des Unternehmens an. Im Landtag fand dieser Vorstoß im Januar 1847 eine klare Mehrheit, da die Abgeordneten im Hinblick auf die Rentabilität der LDE in der Strecke Leipzig–Hof keine langfristige Belastung für die Staatskasse sahen. Am 1. April 1847 übernahm das Königreich Sachsen schließlich die Sächsisch-Baierische Eisenbahn und unterstellte sie der Verwaltung des Fi-

■ Private Investoren bauten die Strecke Zittau–Bertsdorf–Oybin/Jonsdorf. Erst 1906 übernahmen die Königlich Sächsischen Staatseisenbahnen die Schmalspurbahn im Zittauer Gebirge. Im Bahnhof Bertsdorf warteten am 31. Dezember 1991 die ölgefeuerten Einheitsloks 099 729 (ex 99 750) und 099 728 (ex 99 749) auf die Abfahrt nach Jonsdorf bzw. Oybin. *Foto: Endisch*

■ Am 20. Juli 1897 verkehrten die ersten Reisezüge auf der Strecke Cranzahl–Kurort Oberwiesenthal. Die Fichtelbergbahn überstand alle Stilllegungswellen. Heute betreibt die BVO Bahn GmbH die Strecke. Im April 1996 hatte die 099 750 (ex 99 786) nur noch wenige Meter bis zur Endstation Oberwiesenthal vor sich. *Foto: Endisch*

nanzministeriums. Dennoch hielt sich die Regierung noch weitgehend aus dem Bau neuer Eisenbahnstrecken heraus. Das Königreich Sachsen sprang lediglich ein, wenn Unternehmen vor der Zahlungsunfähigkeit standen. Dies betraf auch die Sächsisch-Böhmische Eisenbahn, die ab 1845 unter der Verwaltung eines Beamten des Finanzministeriums stand. So wuchs die Betriebslänge der unter der Verwaltung des Königreiches Sachsen stehenden Strecken bis 1850 auf rund 180 km. Mit der Übernahme der Sächsisch-Schlesischen Eisenbahn-Gesellschaft zum 31. Januar 1851 war das Königreich Sachsen gezwungen, seine Verwaltung für die Eisenbahnen zu reformieren. Die Leitung der staatseigenen Strecken oblag ab 1852 der »Königlichen Staatseisenbahn-Direktion zu Dresden«. Diese Verwaltung erwies sich aber als ineffizient, da es kein zusammenhängendes Netz gab. Aus diesem Grund wurde die Verwaltung 1858 in die »Königliche Direktion der westlichen Staatseisenbahnen« mit Sitz im Bayerischen Bahnhof in Leipzig und die »Königliche Direktion der östlichen Staatseisenbahnen« in Dresden unterteilt. Erst elf Jahre später straffte das Königreich Sachsen die Organisation der unter seiner Verwaltung stehenden Eisenbahnen. Nach der Eröffnung des durchgehenden Zugverkehrs zwischen Dresden und Zwickau am 1. März 1869 waren nun die beiden Eisenbahnnetze durch eine vom Staat betriebene Strecke verbunden. Am 1. Juli 1869 übernahm dann die »Königliche Generaldirektion der Staatseisenbahnen« die Verwaltung der Strecken. Die Generaldirektion wiederum unterstand dem Finanzministerium. Fortan firmierten die dem Königreich gehörenden oder von ihm verwalteten Strecken als »Königlich Sächsische Staatseisenbahnen« (K.Sächs.Sts.E.). Bis etwa 1875 waren die wichtigsten Städte des Königreiches durch Hauptstrecken miteinander verbunden.

Die positive wirtschaftliche Entwicklung der durch die Eisenbahn erschlossenen Gebiete weckte auch in den anderen Regionen des Königreiches Begehrlichkeiten. Doch die im Deutschen Reich geltenden gesetzlichen Bestimmungen zum Bau und Betrieb von Eisenbahnen erforderten erhebliche Investitionen. Außerdem brachte die so genannte Gründerkrise, die durch den Bankrott der Wiener Kreditanstalt 1873 ausgelöst wurde und bis 1879 andauerte, zahlreiche Eisenbahn-Gesellschaften in wirtschaftliche Schwierigkeiten. Selbst die LDE blieb davon nicht verschont. Um die Eisenbahn zu retten, kaufte das Königreich Sachsen weitere Unternehmen auf. Dies beanspruchte natürlich die Staatsfinanzen, so dass der Bau neuer Linien nur in seltenen Fällen vom Landtag genehmigt wurde.

Auch die von der Reichsregierung beschlossene »Bahnordnung für Eisenbahnen untergeordneter Bedeutung«, die am 1. Juli 1878 in Kraft trat und Vereinfachungen beim Bau und Betrieb von Nebenbahnen, damals noch als »Sekundärbahnen« bezeichnet, gestattete, brachte keinen grundlegenden Wandel in der Eisenbahnpolitik Sachsens. Regierung und Landtag sparten weiterhin bei Investitionen im Streckennetz. Die K.Sächs.Sts.E. wandelten einige als Hauptbahnen gebaute Verbindungen in Nebenbahnen um. Dadurch konnten die Betriebskosten deutlich gesenkt und die Ertragslage der K.Sächs.Sts.E. spürbar verbessert werden.

Doch davon hatten die abseits der Strecken liegenden Gemeinden wenig. Vor allem die rund 4.000 Einwohner zählende Kleinstadt Kirchberg mit ihrer Metall verarbeitenden Industrie und den Tuchmachereien kämpfte schon seit Jahren um einen Eisenbahnanschluss. Die bereits 1864 konzessionierte Nebenbahn von Wilkau-Haßlau nach Kirchberg entstand nicht, da das Kapital privater Investoren fehlte. Mit den Petitionen aus dem Erzgebirge beschäftigte sich der sächsische Landtag erneut 1876/77. Die Abgeordneten sahen langsam ein, dass die Kosten für eine regelspurige Eisenbahn in keinem Verhältnis zu den Einnahmen stehen würden. Den K.Sächs.Sts.E. und der Regierung war dies auch klar. In einem königlichen Dekret vom 5. November 1877 wurden die Vorteile der Schmalspurbahnen unter Hinweis auf den erfolgreichen Betrieb der Strecken Dorndorf–Kaltennordheim (1.000 mm), Ocholt–Westerstede (750 mm) und der Bröhltalbahn (785 mm) hervorgehoben. Hauptargument für die schmale Spur waren die geringeren Baukosten, da sich die Strecken besser den topographischen Bedingungen anpassten. Außerdem hieß es in dem Papier, dass Nebenbahnen bis 13 km Länge regelspurig, längere Strecken als Schmalspurbahn ausgeführt werden sollten, da sonst die Kosten für das Umladen der Güter zu hoch seien. Das Dekret überzeugte aber nicht alle Landtagsabgeordneten. Besonders das notwendige Umladen der Güter missfiel einigen Parlamentariern. Auch die Kostenvorteile, die der Finanzminister von Könneritz am 18. Februar 1878 in seiner Rede vor dem Landtag hervorhob, überzeugten nicht – Kirchberg blieb weiter ohne Eisenbahn.

In der Sitzungsperiode 1879/80 stand das Thema »Schmalspurbahn« wieder auf der Tagesordnung. Erneut betonte die Regierung die Vorteile der schmalen Spur in ihrem Dekret Nr. 24, das sie am 8. Dezember 1879 vorlegte. Die wichtigsten Argumente waren abermals die geringeren Baukosten sowie die preiswerteren Betriebsmittel. Außerdem betonte die Regierung, dass aufgrund der kleineren Radien mehr Anschlussgleise zu verlegen und die Kosten zum Umladen der Güter nicht so hoch seien, wie die Abgeordneten meinten. In diesem Dekret fiel bereits die Entscheidung zugunsten der Spurweite von 750 mm.

Daraufhin gab der Landtag endlich seinen Widerstand gegen die Schmalspurbahn auf. Der Beschluss zum Bau der Strecke von Wilkau-Haßlau über Kirchberg nach Saupersdorf fiel am 2. März 1880. Doch bis zur Eröffnung der ersten sächsischen Schmalspurbahn vergingen noch einige Monate. Am 17. Oktober 1881 war es dann endlich soweit: Der erste Schmalspurzug dampfte von Wilkau-Haßlau nach Kirchberg.

Eröffnungsdaten der sächsischen Schmalspurbahnen (750 mm)

Strecke	Eröffnungsdatum	Bemerkungen
Wilkau-Haßlau–Carlsfeld		
Wilkau-Haßlau–Kirchberg (Sachs)	17. Oktober 1881	
Kirchberg (Sachs)–Saupersdorf oberer Bf	1. November 1882	
Saupersdorf oberer Bf –Schönheide Süd	16. Dezember 1893	
Schönheide Süd–Carlsfeld	22. Juni 1897	
Freital-Hainsberg–Kurort Kipsdorf		
Freital-Hainsberg–Schmiedeberg	1. November 1882	
Schmiedeberg–Kurort Kipsdorf	3. September 1883	
Mügelner Schmalspurnetz		
Mügeln (b Oschatz)–Großbauchlitz	15. September 1884	Personenverkehr ab 1. November 1884
Großbauchlitz–Döbeln	1. November 1884	
Oschatz–Mügeln (b Oschatz)	7. Januar 1885	
Mügeln (b Oschatz)–Wermsdorf–Neichen	1. November 1888	
Oschatz–Strehla	31. Dezember 1891	
Nebitzschen–Kroptewitz	3. August 1903	nur Güterverkehr
Mertitz Gabelstelle–Döbeln-Gärtitz	27. November 1911	
Radebeul Ost–Radeburg	16. September 1884	
Klotzsche–Königsbrück	17. Oktober 1884	
Zittau–Hermsdorf (b Friedland)		
Zittau–Markersbach (b Reichenau)	11. November 1884	
Markersbach (b Reichenau)–Hermsdorf (b Friedland)	25. August 1900	
Mosel–Ortmannsdorf	1. November 1885	
Wilsdruffer Schmalspurnetz		
Freital-Potschappel–Wilsdruff	1. Oktober 1886	
Wilsdruff–Nossen	1. Februar 1899	
Klingenberg-Colmnitz–Frauenstein	15. September 1898	
Meißen-Triebischtal–Wilsdruff	1. Oktober 1909	
Freital-Potschappel–Freital-Hainsberg	10. September 1913	nur Güterverkehr
Klingenberg-Colmnitz–Naundorf	1. Oktober 1921	
Naundorf–Niederschöna	1. November 1922	
Niederschöna–Oberdittmannsdorf	1. November 1923	

Strecke	Eröffnungsdatum	Bemerkungen
Thumer Schmalspurnetz		
Wilischthal–Thum	15. Dezember 1886	
Schönfeld-Wiesa–Geyer	1. Dezember 1888	
Geyer–Thum	1. Mai 1906	
Thum–Meinersdorf (Erzgeb)	1. Oktober 1911	
Grünstädtel–Oberrittersgrün	1. Juli 1889	
Heidenau–Altenberg (Erzgeb)		
Heidenau–Geising	18. November 1890	
Geising–Altenberg (Erzgeb)	10. November 1923	
Zittau–Kurort Oybin/Kurort Jonsdorf		
Zittau–Kurort Oybin	25. November 1890	
Bertsdorf–Kurort Jonsdorf	25. November 1890	
Wolkenstein–Jöhstadt	1. Juni 1892	
Taubenheim (Spree)–Dürrhennersdorf	1. November 1892	
Herrnhut–Bernstadt (Oberlausitz)	1. Dezember 1893	
Hetzdorf (Flöhatal)–Großwaltersdorf		
Hetzdorf (Flöhatal)–Eppendorf	1. Dezember 1893	
Eppendorf–Großwaltersdorf	1. November 1916	
Goßdorf-Kohlmühle–Hohnstein (Sächs Schweiz)	1. Mai 1897	
Mulda–Sayda	1. Juni 1897	
Cranzahl–Kurort Oberwiesenthal	20. Juli 1897	
Lommatzsch–Meißen-Triebischtal		
Meißen-Triebischtal–Grasebach–Löthain	1. Oktober 1909	
Löthain–Lommatzsch	1. Dezember 1909	

In den folgenden Jahren setzten die K.Sächs. Sts.E. bei der Erschließung der abseits der Hauptbahnen gelegenen Regionen auf die Schmalspurbahn. Regelspurige Nebenbahnen blieben jetzt die große Ausnahme. Durch eine strikte Vereinheitlichung der Anlagen und Fahrzeuge reduzierten die Staatsbahnen die Kosten auf ein Minimum. Um Wilsdruff, Mügeln und später auch um Thum entstanden in den folgenden Jahren große Schmalspurnetze. Bis zum 31. Dezember 1896 wuchs das schmalspurige Streckennetz der K.Sächs.Sts.E. auf insgesamt 327,42 km. Zu diesem Zeitpunkt betrieb das Königreich Sachsen ein Eisenbahnnetz mit einer Betriebslänge von 2.865,98 km.

Eine Sonderstellung bei den sächsischen Schmalspurbahnen nahm die Strecke Zittau–Oybin/Jonsdorf ein. Sie wurde nicht vom Staat, sondern von der am 15. August 1888 gegründeten Zittau-Oybin-Jonsdorfer-Eisenbahngesellschaft (ZOJE) gebaut und betrieben. Obwohl die Einnahmen der ZOJE deutlich über den Ausgaben lagen, reichten die Überschüsse nicht für die notwendigen Rücklagen aus. Dies bewegte die ZOJE letztlich dazu, die

Schmalspurbahn zum 1. Juli 1906 an die K.Sächs. Sts.E. zu verkaufen.

Die wirtschaftliche Lage der ZOJE war kein Einzelfall. Nur einige Strecken deckten mit ihren Einnahmen die Betriebskosten. Zu den wirtschaftlichsten Schmalspurbahnen der K.Sächs.Sts.E. gehörten unter anderem die Strecken Wilkau-Haßlau–Carlsfeld, Freital-Hainsberg–Kurort Kipsdorf, Radebeul Ost–Radeburg und Oschatz–Mügeln.

Die Schmalspurbahnen hatten vor allem im Erzgebirge und im landwirtschaftlich geprägten mittelsächsischen Raum eine große Bedeutung für die örtliche Industrie und die Erschließung der Region. Im Erzgebirge förderten die Bimmelbahnen auch den Fremdenverkehr. Dies erkannte die sächsische Regierung, weshalb die K.Sächs.Sts.E. in den folgenden Jahren das Schmalspurnetz kontinuierlich ausbauten. So unterhielten die K.Sächs.Sts.E. Ende 1903 bei einer Betriebslänge von 3.148,34 km insgesamt 422,25 km als Schmalspurbahn. Die Leistungen einiger Strecken waren ganz erheblich. Ihre erste große Blüte erreichten die Bimmelbahnen vor dem Ersten Weltkrieg.

Transportleistungen der sächsischen Schmalspurbahnen (750 mm) im Geschäftsjahr 1903

Strecke	verkaufte Fahrkarten	Güter im Versand (t)	Güter im Empfang (t)
Cranzahl–Kurort Oberwiesenthal	51.336	15.403	12.073
Grünstädtel–Oberrittersgrün	32.855	26.668	8.789
Freital-Hainsberg–Kurort Kipsdorf	190.709	54.432	67.163
Herrnhut–Bernstadt (Oberlausitz)	23.769	12.029	10.688
Hetzdorf (Flöhatal)–Großwaltersdorf	28.212	17.652	18.767
Goßdorf-Kohlmühle–Hohnstein (Sächs Schweiz)	20.433	6.333	6.022
Mosel–Ortmannsdorf	80.718	3.610	10.915
Heidenau–Altenberg (Erzgeb)	161.275	101.488	98.597
Mulda–Sayda	31.469	9.132	11.952
Radebeul Ost–Radeburg	109.510	42.245	42.704
Taubenheim (Spree)–Dürrhennersdorf	32.661	18.182	16.541
Wilkau-Haßlau–Carlsfeld	231.599	78.763	114.277
Wolkenstein–Jöhstadt	45.348	39.210	26.512
Zittau–Kurort Oybin/Kurort Jonsdorf	229.274	21.929	28.164
Zittau–Hermsdorf (b. Friedland)	148.387	28.845	25.270
Mügelner Schmalspurnetz			
Oschatz–Mügeln (b Oschatz)–Döbeln/Neichen	171.767	151.610	150.443
Oschatz–Strehla	17.830	23.029	15.090
Wilsdruffer Schmalspurnetz			
Freital-Potschappel–Wilsdruff-Nossen	207.140	46.934	47.720
Klingenberg-Colmnitz–Frauenstein	42.144	15.854	17.385
Thumer Schmalspurnetz			
Schönfeld-Wiesa–Geyer	47.060	13.691	16.047
Wilischthal–Thum	62.778	35.395	50.029

Anfang des 20. Jahrhunderts wurden in Sachsen fast keine neue Schmalspurbahnen mehr gebaut. Zu den letzten größeren Investitionen der K.Sächs. Sts.E. gehörten die Strecken Meißen-Triebisch-thal–Lommatzsch, Thum–Meinersdorf und Mertitz Gabelstelle–Döbeln-Gärtitz. Auf diese Weise wurden nun das Mügelner und das Wilsdruffer Netz miteinander verbunden. Die Fertigstellung der Strecke Klingenberg-Colmnitz–Oberdittmannsdorf, die das Wilsdruffer Netz mit der Bahnlinie Klingenberg-Colmnitz–Frauenstein verband, zog sich aufgrund des Ersten Weltkrieges und der wirtschaftlichen Schwierigkeiten Anfang der 20er-Jahre bis 1923 hin. Mit der Eröffnung des Abschnitts Niederschöna–Oberdittmannsdorf am 1. November 1923 und der Verlängerung der Strecke Geising–Altenberg (Erzgeb) am 10. November 1923 war das sächsische Schmalspurnetz vollendet.

Zu diesem Zeitpunkt oblag der Betrieb der Bimmelbahnen bereits der Reichbahndirektion (Rbd) Dresden. Sie hatte die Nachfolge der K.Sächs. Sts.E. nach der Übernahme der Länderbahnen Oldenburgs, Mecklenburgs, Preußens, Sachsens,

Badens, Württembergs und Bayerns durch das Deutsche Reich am 1. April 1920 angetreten. Die Bezeichnung »Deutsche Reichsbahn« führte das Reichsverkehrsministerium (RVM) am 27. Juni 1921 ein.

Die Rbd Dresden erkannte den hohen volkswirtschaftlichen Wert der Schmalspurbahnen und investierte in die Modernisierung der Fahrzeuge und Anlagen. Das enorme Verkehrsaufkommen zwischen Heidenau und Altenberg (Erzgeb) veranlasste die Reichsbahn, die Strecke zwischen 1935 und 1938 auf Regelspur umzubauen.

Allerdings blieb die wirtschaftliche Entwicklung der Müglitztalbahn ein Einzelfall. Die Betriebskosten hatten sich in den 20er-Jahren zum Nachteil der Bimmelbahnen entwickelt. Einen nicht unerheblichen Anteil an dieser Entwicklung trug – so paradox es auch klingen mag – der Rollwagenverkehr. Zwar entfiel durch den Transport der aufgerollten regelspurigen Güterwagen das zeit- und personalaufwändige Umladen, doch dafür musste nun der gesamte Oberbau einschließlich der Brücken verstärkt und die notwendige Profilfreiheit geschaffen werden. Des Weiteren benötigte man auch stärkere Lokomotiven. Dadurch stiegen die notwendigen Investitionen und Unterhaltungskosten an. Der aufkommende Kraftverkehr und die Weltwirtschaftskrise führten in den 30er-Jahren zu einem deutlichen Rückgang des Personen- und Güterverkehrs auf den sächsischen Schmalspurbahnen. Dennoch unterhielt die Rbd Dresden das größte Streckennetz mit 750 mm Spurweite in Deutschland. Am 31. Dezember 1937 waren 532,07 km in Betrieb.

Ein wirtschaftlich vertretbarer Betrieb war Ende der 30er-Jahre auf den Strecken Taubenheim–Dürrhennersdorf, Goßdorf-Kohlmühle–Hohnstein und Mosel–Ortmannsdorf nicht mehr möglich. Die geplante Stilllegung dieser Linien konnte die Rbd Dresden jedoch nicht umsetzen. Mit der Rationierung von Treibstoff während des Zweiten Weltkrieges erlangten die Schmalspurbahnen in Sachsen wieder größere Bedeutung. Auf den Strecken nahm kriegsbedingt der Personen- und Güterverkehr sprunghaft zu. Allerdings wurde die Unterhaltung der Fahrzeuge und Anlagen auf ein Minimum heruntergefahren. Es fehlten Material und Arbeitskräfte. Dies sollte sich später bitter rächen.

Ohne größere Schäden überstanden die sächsischen Schmalspurbahnen den Zweiten Weltkrieg. Die Sowjetische Militäradministration in Deutschland (SMAD) nutzte die Schmalspurbahnen nicht nur zu Transportzwecken, sondern auch als Reparationsobjekt. So ließ die SMAD neben der Demontage der Strecken Taubenheim–Dürrhennersdorf und Herrnhut–Bernstadt und deren Abtransport samt Betriebsmitteln in die Sowjetunion, auch die Requirierung zahlreicher Schmalspurlokomotiven durch die Rote Armee zu.

Ende der 40er-Jahre waren die Fahrzeuge und der Oberbau der meisten Bimmelbahnen arg heruntergewirtschaftet. Die Situation war derart angespannt, dass die Rbd Dresden 1951 die Strecken Mosel–Ortmannsdorf, Goßdorf-Kohlmühle–Hohnstein und Eppendorf–Großwaltersdorf zur Gewinnung von Fahrzeugen und Oberbaumaterialien stilllegte und anschließend demontierte.

In den 50er-Jahren erlebten die sächsischen Schmalspurbahnen dann ihre letzte große Blüte.

Doch wenn es um die Unterhaltung und Modernisierung ging, kamen die Strecken stets zuletzt. Bei den chronisch knappen Baukapazitäten der Reichsbahn führte man nur die dringendsten Arbeiten aus.

In den 60er-Jahre wendete sich das Blatt endgültig: Mit dem Aufbau einer petrochemischen Industrie und der Einfuhr von Rohöl aus der Sowjetunion standen nun ausreichend flüssige Brennstoffe für den Ausbau des Kraftverkehrs zur Verfügung. Die zeitgleich angeordneten Untersuchungen zur Wirtschaftlichkeit der Schmalspurbahnen führten fast alle zum gleichen Ergebnis: Die Strecken arbeiteten mit einem enormen Defizit und der Kraftverkehr konnte die Transporte effektiver abwickeln. Für die Strecke Schönfeld-Wiesa–Geyer–Thum – einer Hochburg der 99[77-79] – beispielsweise wurde ein Betriebsdefizit von über drei Millionen Mark ermittelt.

Mit der Einstellung des Personenverkehrs zwischen Mügeln und Döbeln am 14. Dezember 1964 begann das große Schmalspursterben in Sachsen. Die ersten so genannten Verkehrsträgerwechsel feierte die Reichsbahn – z.B. in Geyer oder Sayda – noch groß. Später nahm die Bahn von derartigen Veranstaltungen Abstand. Aus gutem Grund: Die Stilllegung stieß nicht überall bei der Bevölkerung auf Verständnis. Besonders bei der Schließung des Thumer Netzes und der Verbindung Freital-Potschappel–Wilsdruff–Nossen gab es viele kritische Stimmen.

Die Stilllegungswelle machte auch vor der ältesten sächsischen Schmalspurbahn nicht Halt. Zwischen Wilkau-Haßlau und Kirchberg verkehrten am 2. Juni 1973 die letzten Reisezüge.

Anfang der 70er-Jahre schwenkte die Deutsche Reichsbahn um. Fehlende Kapazitäten beim Kraftverkehr, der mangelnde Ausbau des Straßennetzes sowie die Einsprüche einiger Kommunen und Kreise retteten letztlich einige Bimmelbahnen. Nach einer erneuten Untersuchung der noch vorhandenen Schmalspurbahnen beschloss das Ministerium für Verkehrswesen der DDR (MfV) am 5. September 1972, die Strecken Freital-Hainsberg–Kurort Kipsdorf, Radebeul Ost–Radeburg, Cranzahl–Oberwiesenthal und Zittau–Oybin/Jonsdorf langfristig als Touristikbahnen zu erhalten. Mit Ausnahme der Zittauer Bimmelbahn war auf den anderen drei Strecken die Baureihe 99⁷⁷⁻⁷⁹ im Einsatz. Auch heute sind die genannten Strecken noch in Betrieb: Sie gehören inzwischen jedoch neuen Betreibern.

1.2 Immer größer, immer stärker: Von der I K zur VI K

Von Beginn an achteten die Königlich Sächsischen Staatseisenbahnen (K.Sächs.Sts.E.) und später die Rbd Dresden auf eine strikte Vereinheitlichung des Fahrzeugparks. Für die ersten Schmalspurbahnen beauftragten die K.Sächs.Sts.E. die Sächsische Maschinenfabrik, vormals Richard Hartmann (SMF), in Chemnitz mit der Entwicklung einer dreifachgekuppelten Nassdampftenderlok, von der 1881 die ersten vier Maschinen geliefert wurden. Die gedrungenen Maschinen der Gattung I K konnten aufgrund ihres nur 1.800 mm großen Achsstandes zwar alle Kurven durchfahren, doch die

Laufeigenschaften ließen zu wünschen übrig. Mit ihren großen Überhängen neigte die I K sehr leicht zum Entgleisen. Der 1887 zum Vorstand der Maschinenhauptverwaltung der K.Sächs.Sts.E. berufene Ewald Richard Klien (1841–1917) wollte die Laufeigenschaften der I K durch den Einbau der von ihm und Heinrich Robert Lindner (1851–1933) erfundenen Klien-Lindner-Hohlachse verbessern. Die Hohlachse verband die beiden Räder. Durch die Achse lief eine in einem Außenrahmen gelagerte Hohlwelle, die durch die Kuppelstangen angetrieben wurde. In der Mitte der Hohlachse ruhte die Kurbelwelle in einer Kugel, die mit einem seitenverschiebbaren Gleitstück der Hohlachse verbunden war. Durch diesen recht komplizierten Mechanismus konnten sich die Achsen in den Kurven radial einstellen. Zwar bewährten sich die Klien-Lindner-Hohlachsen bei einigen anderen sächsischen Gattungen[1], bei den vier 1886 und 1888 damit ausgestatteten I K erfüllten sie die Erwartungen jedoch nicht.

---

1 So besaßen zum Beispiel die sächsischen Gattungen IX V (Baureihe 56⁵), IX HV (Baureihe 56⁶) und XV HTV (Baureihe 79) Klien-Lindner-Hohlachsen.

■ **Große Hoffnungen setzten die Königlich Sächsischen Staatseisenbahnen in die V K. Die mit einem Zweizylinder-Verbundtriebwerk ausgerüsteten Nassdampfloks sollten leistungsfähiger und in der Unterhaltung billiger sein als die Meyer-Loks der Gattung IV K. Doch letztlich konnte sich die V K mit ihren komplizierten Klien-Lindner-Hohlachsen nicht durchsetzen.** *Foto: Archiv transpress*

■ Vor der 99 787 wirkt die 99 574 mit ihrem langen Kessel und dem hohen Schornstein fast zierlich. Am 11. April 1991 diente die IV K in der Est Freital-Hainsberg als Reservelok.

Foto: Endisch

■ Die erste Heißdampflok auf den sächsischen Schmalspurbahnen war die Gattung VI K, die spätere Baureihe 99$^{64-71}$. Eigentlich waren die Fünfkuppler für die Heeresfeldbahnen gedacht. Die Sächsischen Staatseisenbahnen kauften 1919 die ersten Maschinen. Die Reichsbahn konzentrierte die VI K in den 50er-Jahren im Bw Wilsdruff, wo die letzten Anfang der 70er-Jahre ausgemustert wurden. Die 99 684 rangierte im Januar 1972 in Wilsdruff.

Foto: Mehnert

Bereits um 1885 genügte die I K den betrieblichen Belangen vor allem auf der steigungsreichen Strecke Freital-Hainsberg–Kurort Kipsdorf nicht mehr. Die dort notwendigen Vorspann-Dienste erhöhten die Betriebskosten. Deshalb suchten die K.Sächs.Sts.E. nach einer leistungsfähigeren Type. Bei der Lokfabrik Hawthorn in Newcastle kauften die Sachsen zwei Fairlie-Tenderloks, die als Gattung II K (alt) bezeichnet wurden. Diese B'B'n4-Maschinen besaßen in der Fahrzeugmitte einen Stehkessel mit zwei Feuerbüchsen. Sie waren jedoch in der Bedienung und Unterhaltung zu kompliziert, so dass die K.Sächs.Sts.E. von der Beschaffung weiterer Maschinen absahen.

Die Idee, zwei Maschinen zu einer zusammen zu kuppeln, griffen die Staatsbahnen allerdings noch einmal auf. Insgesamt vier I K wurden zu zwei Doppellokomotive gekuppelt, die die Gattungsbezeichnung II K (neu) erhielten. Diese Lösung brachte zwar den erhofften Leistungsgewinn, doch die

■ Am 22. Mai 1971 fuhr die 99 1714, eine Nachbau-VI K, in den Bahnhof Oberdittmannsdorf ein. Die Tage des Wilsdruffer Netzes und der VI K waren bereits gezählt. *Foto: Slg. Lukow*

■ Insgesamt sieben VI K rüstete das Raw Görlitz 1965/1966 im Rahmen einer Generalreparatur mit neuen Kesseln, Führerhäusern, Wasserkästen und Zylindern aus. Der Aufwand kam einem Neubau gleich. Danach glichen die Maschinen optisch sehr stark den Neubauloks der Baureihe 99[77-79]. In den Bahnhof Siebenlehn rollte am 30. März 1973 die 99 653.
Foto: Mehnert

Laufruhe und die Unterhaltungskosten befriedigten nicht.

Bei der Suche nach einer leistungsstarken Lok mit sehr guten Laufeigenschaften in engen Kurven stießen die K.Sächs.Sts.E. auf die für die Bosna-Bahn von Krauss & Co. in München entwickelten Stütztendermaschinen mit einem Triebwerk der Bauart Klose. Die bosnischen Maschinen waren das Vorbild für die von den K.Sächs.Sts.E. bestellten zwei Maschinen, die Krauss 1889 lieferte.

Zwei Jahre später lieferte Hartmann noch einmal vier Exemplare, die sich durch ein anderes Führerhaus von den Krauss-Loks unterschieden. Die als III K bezeichneten C1'n2-Stütztenderloks waren zwar deutlich stärker als die I K, doch das komplizierte Klose-Triebwerk war in der Unterhaltung viel zu teuer. Die III K besaß Innenzylinder, einen Außenrahmen und eine außenliegende Steuerung. Zudem genügten die drei gekuppelten Achsen schon bald nicht mehr den gestiegenen Zugmassen.

Die Unterschiede zwischen der Original-VI K und den so genannten Reko-VI K werden hier besonders deutlich. Wasserkästen, Kessel und Führerhaus der 99 648, die am 23. Oktober 1971 in Helbigsdorf stand, erinnern stark an die Neubau-VII K.
Foto: Slg. Lukow

Drei Generationen sächsischer Schmalspurlokomotiven versammelten sich im April 1998 vor dem Lokschuppen in Oberwiesenthal. Während 99 590 der IG Preßnitztal als Heizlok in Oberwiesenthal fungierte, wartete die 099 738 (ex 99 773) auf neue Aufgaben. Die Einheitslok 99 759 war kalt, da bei ihrem Kessel die Untersuchungsfristen abgelaufen waren.
Foto: Endisch

Ewald Richard Klien stand vor ernsthaften Schwierigkeiten: Für eine langfristige Lösung der Traktionsproblems auf den Schmalspurstrecken wurde eine Maschine mit vier angetriebenen Achsen benötigt, die Radien bis 40 m anstandslos befahren konnte.

Mit der Entwicklung der neuen Gattung beauftragten die K.Sächs.Sts.E. die Sächsische Maschinenfabrik in Chemnitz. Deren Entwurf sah ein Triebwerk mit zwei Drehgestellen nach dem System Günther-Meyer vor. Bei dieser Bauart waren die beiden durch einen Brückenrahmen verbundenen Drehgestelle beweglich gelagert. Der Vorschlag fand die Zustimmung der K.Sächs.Sts.E., die 1891 die ersten sieben Versuchsmaschinen bestellten – die legendäre Gattung IV K war geboren.

Im Januar 1892 nahmen die K.Sächs.Sts.E. die ersten Meyer-Maschinen ab. Der Kessel der ersten IV K war für einen Druck von 12 kp/cm² zugelassen. Der Brückenrahmen bestand aus aus 13 mm star-

Steigungs- und Krümmungsverhältnisse auf den sächsischen Schmalspurbahnen (Stand 31. Dezember 1937)

Strecke	Betriebslänge (km)	größte Steigung	kleinster Radius (m)	Bemerkungen
Cranzahl–Kurort Oberwiesenthal	17,35	1 : 30	65	Rollwagenverkehr
Grünstädtel–Oberrittersgrün	9,36	1 : 30	80	
Freital-Hainsberg–Kurort Kipsdorf	26,34	1 : 36	50	Rollwagenverkehr
Freital-Potschappel–Freital-Hainsberg	3,25	1 : 36	100	
Heidenau–Altenberg (Erzgeb)	41,54	1 : 30	80	Rollwagenverkehr[1]
Herrnhut–Bernstadt (Oberlausitz)	10,10	1 : 40	100	
Hetzdorf (Flöhatal)–Großwaltersdorf	13,56	1 : 35	100	Rollwagenverkehr
Goßdorf-Kohlmühle–Hohnstein (Sächs Schweiz)	12,13	1 : 30	100	
Mosel–Ortmannsdorf	13,94	1 : 56	150	
Mulda–Sayda	15.48	1 : 30	100	
Radebeul Ost–Radeburg	16,49	1 : 60	70	Rollwagenverkehr
Taubenheim (Spree)–Dürrhennersdorf	12,04	1 : 40	100	Rollwagenverkehr
Wilkau-Haßlau–Carlsfeld	41,85	1 : 20	55	Rollwagenverkehr[2]
Wolkenstein–Jöhstadt	22,95	1 : 40	80	Rollwagenverkehr
Zittau–Kurort Oybin/Kurort Jonsdorf	14,41	1 : 30	80	Rollwagenverkehr
Zittau–Hermsdorf (b. Friedland)	15,71	1 : 36	75	Rollwagenverkehr
Mügelner Schmalspurnetz				
Mügeln (b Oschatz)–Wermsdorf–Neichen	23,94	1 : 60	60	Rollwagenverkehr[3]
Nebitzschen–Kroptewitz	6,31	1 : 50	80	Rollwagenverkehr
Oschatz–Mügeln (b Oschatz)–Döbeln	31,27	1 : 60	80	Rollwagenverkehr[4]
Oschatz–Strehla	11,90	1 : 40	100	Rollwagenverkehr
Wilsdruffer Schmalspurnetz				
Freital-Potschappel–Wilsdruff–Nossen	38,79	1 : 29	60	Rollwagenverkehr
Klingenberg-Colmnitz–Frauenstein	19,71	1 : 31	100	
Klingenberg-Colmnitz–Oberdittmannsdorf	18,47	1 : 31	95	
Wilsdruff–Meißen-Triebischtal–Lommatzsch–Döbeln-Gärtitz	51,86	1 : 30	80	Rollwagenverkehr
Thumer Schmalspurnetz				
Schönfeld-Wiesa–Thum–Meinersdorf (Erzgeb)	29,78	1 : 30	60	Rollwagenverkehr
Wilischthal–Thum	13,54	1 : 30	58	Rollwagenverkehr

1) nur auf dem Abschnitt Heidenau–Schüllermühle
2) nur auf den Abschnitten Wilkau-Haßlau–Kirchberg (Sachs) und Obercrinitz–Schönheide Süd
3) nur auf dem Abschnitt Mügeln (b Oschatz)–Nebitzschen
4) nur auf dem Abschnitt Oschatz–Döbeln-Gärtitz

ken, die Rahmen der beiden Drehgestelle aus 15 mm starken Blechen. Das hintere Drehgestell besaß einen Außenrahmen, das vordere hingegen einen Innenrahmen. Bei dem Vierzylinder-Verbundtriebwerk strömte der Nassdampf zuerst in das hintere Hochdrucktriebwerk und gelangte dann über den Verbinder – ein Kugelgelenk – zum vorderen Niederdrucktriebwerk. Die befürchteten Dichtungsprobleme, wie sie bei anderen Meyer-Loks auftraten, blieben bei der IV K aus.

Die neue Schmalspurmaschine war ein voller Erfolg. Bis 1921 beschafften die K.Sächs.Sts.E. in mehreren Baulosen insgesamt 96 Exemplare dieser Gattung. Damit ist die IV K bis heute die meistgebaute deutsche Schmalspur-Dampflok. Sie war auf allen sächsischen Schmalspurbahnen im Einsatz.

Auf der Strecke Heidenau–Geising stieß die IV K jedoch schon wenige Jahre nach ihrer Indienststellung an die Grenzen ihrer Leistungsfähigkeit. Aus diesem Grunde beauftragte Ewald Richard Klien die SMF zur Jahrhundertwende mit der Entwicklung einer vierfachgekuppelten Einrahmenlok, die mit dem Kessel der IV K ausgerüstet sein sollte. Um den geforderten Mindestradius von 40 m durchfahren zu können, entschieden sich die Chemnitzer Ingenieure bei der Konstruktion der neuen Gattung V K für Endachsen der Bauart Klien-Lindner. Außerdem erhielt die V K ein Zweizylindernassdampf-Verbundtriebwerk. Die ersten drei Exemplare der V K

Die wichtigsten technischen Daten der sächsischen Schmalspurlokomotiven im Vergleich

sächsische Gattung		I K[1]	II K (alt)	III K[2]	IV K[3]	V K	VI K[4]	-	-
DR-Baureihe		99^{750}	-	99^{754}	99$^{51-60}$	99^{61}	99$^{64-70}$	99$^{73-76}$	99$^{77-79}$
Betriebsgattung		Cn2t	B'B'n4t	C1'n2t	B'B'n4vt	Dn2vt	Eh2t	1'E 1'h2t	1'E 1'h2t
Höchstgeschwindigkeit	km/h	30	30	30	30	30	30	30	30
Zugkraft	Mp	2,1	2,95	2,95	4,30	4,45	7,77	8,5	8,5
indizierte Leistung	PS$_i$	120	1,95	195	210	215	480	600	565
Zylinderdurchmesser	mm	240	216	324	2x240/400	340/530	430	450	450
Kolbenhub	mm	380	355	400	380	430	400	400	400
Kesselüberdruck	kp/cm^2	12	10	10	15	14	14	14	14
Rostfläche	m^2	0,66	1,16	0,90	0,97	0,97	1,61	1,74	2,57
Verdampfungsheizfläche	m^2	29,72	57,74	46,26	49,87	49,96	64,32	80,30	76,9
Brennstoffvorrat	t	0,5	0,95	1,7	1,02	0,96	2,0	2,5	4
Wasserkasteninhalt	m^3	1,5	2,86	2,0	2,4	2,4	4,5	5,8	5,8
Lokomotivgewicht (leer)	t	12,45	22,3	19,7	22,4	22,8	30,4	44,3	41,5
Lokomotivgewicht (dienstbereit)	t	16,0	28,90	25,6	27,4	28,8	40,4	53,9	51,9
Länge über Puffer	mm	5.630	9.200	9.000	9.000	8.950	8.660	10.540	10.000
Kuppelraddurchmesser	mm	760	813	855	760	855	800	800	800

1) Daten gelten für 99 7521 bis 7525
2) Daten gelten für 99 7541 bis 7542
3) Daten gelten für 99 561 bis 579
4) Daten gelten für 99 641 bis 655

trafen 1901 in Heidenau ein. Doch die V K enttäuschte: Sie war weder in der Unterhaltung billiger noch übertraf sie die IV K in der Leistung. Die komplizierten Klien-Lindner-Hohlachsen verursachten letztlich höhere Kosten als das Meyer-Triebwerk der IV K.

Nach dem Ersten Weltkrieg – der sächsische König August III. hatte abgedankt und aus der K.Sächs.Sts.E. waren die »Sächsischen Staatseisenbahnen« (Sächs.Sts.E.) geworden – herrschte auf den Schmalspurbahnen ein akuter Lokmangel. Diesen Engpass konnten die Sächs.Sts.E. durch einen Gelegenheitskauf bei der Firma Henschel & Sohn überbrücken - dort standen 15 fabrikneue Eh2-Tenderloks. Die Militär-Generaldirektion (MGD) Warschau hatte die Kassler Firma 1917 mit der Entwicklung einer leistungsstarken Schmalspurlok für 750 mm Spurweite beauftragt. Die MGD Warschau benötigte die Loks für die in ihrem Befehlsbereich liegenden 750-mm-Heeresfeldbahnen. Allerdings machten die Ereignisse an der Ostfront die Maschinen überflüssig. Nach dem Separatfrieden Österreich-Ungarns und Deutschlands mit der Ukraine am 9. Februar 1918 und den Friedensvertrag von Brest-Litowsk (3. März 1918) zwischen Deutschland und Sowjetrussland waren die Kampf-

handlungen im Osten zu Ende. Die MGD Warschau nahm die Maschinen nicht mehr ab und Henschel suchte einen neuen Käufer. Die Sächs.Sts.E. erwarben 1919 die 15 Loks für 92.000 Mark pro Stück und reihten sie als Gattung VI K in ihren Fahrzeugpark ein. Die VI K war die erste Heißdampf-Schmalspurlok in Sachsen. Ihre Zugkraft lag rund 50 % über der der IV K. Die Sächs.Sts.E. stationierten die VI K zunächst in Wilsdruff und Heidenau.

1.3 Eine Einheitslok für Sachsen: Die Baureihe 99$^{73-76}$

Dringender Bedarf

Bei der Übernahme der Sächs.Sts.E. durch das Deutsche Reich präsentierte sich der Fahrzeugpark auf den sächsischen Schmalspurbahnen infolge der mangelhaften Wartung während des Ersten Weltkrieges in einem desolaten Zustand. Zahlreiche Maschinen standen seit über 20 Jahren im Einsatz. Auf den steigungs- und krümmungsreichen

■ Vorbild bei der Konstruktion der Baureihe 99⁷⁷⁻⁷⁹ waren die Einheitsloks der Baureihe 99⁷³⁻⁷⁶. Aufgrund ihres schier unverwüstlichen Barrenrahmens haben einige Maschinen bis heute überlebt. Am 11. April 1991 ergänzte die 99 762 in Freital-Hainsberg ihre Vorräte.
Foto: Endisch

Strecken im Erzgebirge war die IV K überfordert. Als die Deutsche Reichsbahn-Gesellschaft (DRG) 1925 ihren endgültigen Umzeichnungsplan aufstellte, reihte sie 27 Maschinen der Gattung I K als BR 99⁷⁵⁰, sechs Maschinen der Gattung III K als BR 99⁷⁵⁴, 91 Maschinen der Gattung IV K [2] als BR 99⁵¹⁻⁶⁰, neun Maschinen der Gattung V K als BR 99⁶¹und 15 Maschinen der Gattung VI K als BR 99⁶⁴⁻⁶⁵ in ihren Fahrzeugpark ein.

Bereits 1922 hatte der Oberregierungsrat Georg Meyer als Chef des Dezernats 24 (Fahrzeuge und maschinelle Anlagen) der Reichsbahndirektion

(RBD) Dresden beim Reichsbahn-Zentralamt (RZA) in Berlin Bedarf an einer leistungsstarken Schmalspurlok angemeldet. Das RZA genehmigte den Nachbau der ehemaligen VI K. Die zwischen 1923 und 1927 von Henschel & Sohn, der SMF und der Maschinenbau-Gesellschaft Karlsruhe gelieferten leicht modifizierten Nachbauten bezeichnete die DRG als Baureihe 99⁶⁷⁻⁷¹.

Allerdings war die RBD Dresden mit der VI K nicht ganz glücklich. Zwar lösten die Fünfkuppler die IV K u.a. auf den Strecken Freital-Potschappel–Nossen, Heidenau–Altenberg und dem Thumer Netz ab, womit die IV K ihrerseits die letzten I K und II K verdrängte, doch die Laufeigenschaften der VI K befriedigten überhaupt nicht. Außerdem neigte die VI K sehr leicht zum Entgleisen. Die großen Über-

---

2 *Von den ursprünglich 96 Maschinen waren während Ersten Weltkrieges fünf Lokomotiven verloren gegangen.*

Deutsche Reichsbahn HVM	**Schmalspur-Lokomotive** (Spurweite 750 mm)		Baureihe: **99** 73–76
Merkbuch für Triebfahrzeuge 939 Tr	Betriebsgattung: K 57.9	Kurzbezeichnung: 1' E 1' h 2	Betriebsnummer: 99731–99762

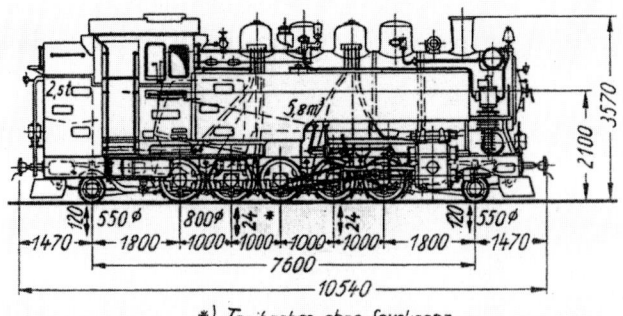

*) Treibachse ohne Spurkranz

Fahrzeugmassen, Achslasten und technische Daten

$M_{Ll} = 44,3$ t   Lokomotive leer

$M_{Ld'} = 53,9$ t   Lokomotive dienstbereit (⅔ Vorräte)

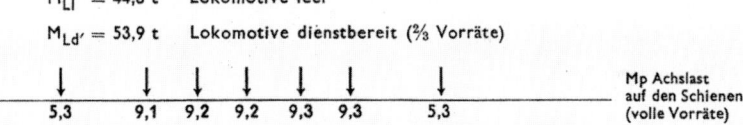

							Mp Achslast auf den Schienen (volle Vorräte)
5,3	9,1	9,2	9,2	9,3	9,3	5,3	

$M_{Ld} = 56,7$ t   Lokomotive mit vollen Vorräten

$Q_{Lr} = 46,1$ Mp   Reibungslast

Metermasse M_{Ld}/Lüp: 5,38 t/m   Mittlere Kuppelachslast: 9,2 Mp

Lfd. Nr.		Abk.		Dim.	Lfd. Nr.		Abk.		Dim.
1	Fahrgeschwindigkeit vw/rw	V_{max}	30/30	km/h	18	Verdampfungsheizfläche	H_v	80,30	m²
2	Zylinderdurchmesser	d	450	mm	19	Überhitzerrohrdurchmesser	d_{0r}	29×3	mm
3	Kolbenhub	s	400	mm	20	Überhitzerheizfläche	H_0	29,0	m²
4	Art und Lage der Steuerung		Ha		21	Wasserraum des Kessels	W_K	3,56	m³
5	Kolbenschieberdurchmesser	d_s	220	mm	22	Dampfraum	D_K	1,45	m³
6	Kesselüberdruck	P_k	14	kp/cm²	23	Verdampfungs- wasseroberfläche	O_W	5,90	m²
7	Rostfläche	R	1,74	m²	24	Masse des Kessels ohne Ausrüstung	M_{klo}	10,16	t
8	Rost (Länge×Breite)	R_{lb}	1,63×1,07	m×m	25	Masse des Kessels mit Ausrüstung	M_{klm}	13,23	t
9	Strahlungsheizfläche	H_{vs}	6,7	m²	26	Ausrüstung mit Vorwärmer		OV	
10	Heizrohrdurchmesser	d_{Hr}	44,5×2,5	mm	27	Ausrüstung mit Läutewerk		L	
11	Anzahl der Heizrohre	n_{Hr}	92	Stck	28	Heizung		H	
12	Rohrlänge zwischen den Rohrwänden	l_r	3500	mm	29	Brennstoffvorrat	B	5,8	t
13	Heizrohrheizfläche	H_{Hr}	39,90	m²	30	Wasserkasteninhalt	W	2,5	m³
14	Rauchrohrdurchmesser	d_{Rr}	118×4	mm	31	Befahrbarer Bogenlauf-Halbmesser	R	50	m
15	Anzahl der Rauchrohre	n_{Rr}	28	Stck	32	Befahrbarer Ablaufberg-Halbmesser			m
16	Rauchrohrheizfläche	H_{Rr}	33,70	m²	33	Bremse		Kö/K m. Z	
17	Rohrheizfläche	H_{vb}	73,60	m²	34	1. Baujahr		1927	

Bei 100 mm Wasserstand über Feuer-büchsdecke (für Zeilen 21–22)

Bemerkungen:

Typisch für die Baureihe 99⁷³⁻⁷⁶ ist der Oberflächenvorwärmer vor dem Schornstein. Im Endbahnhof Kurort Kipsdorf nahm am 11. April 1991 die 99 761 Wasser, bevor sie die Rückreise nach Freital-Hainsberg antrat. *Foto: Endisch*

hänge und die einfache Rückstellvorrichtung waren dafür verantwortlich. Schließlich beanspruchte der Fünfkuppler auch den Oberbau und hier vor allem die Kurven sehr stark, so dass die Gleisanlagen verstärkt werden mussten. Georg Meyer, seit 1924 Reichsbahnoberrat, kannte die Probleme. Aus diesem Grund drängte er im RZA auf die Entwicklung einer Schmalspurlok mit 750 mm Spurweite im Rahmen des Anfang der 20er-Jahre gestarteten Einheitslok-Programms. Das RZA gab schließlich dem Drängen Meyers nach und die RBD Dresden beauftragte die SMF in Chemnitz mit der Konstruktion der gewünschten Einheitslok.

Die Maschine war im Prinzip eine völlige Neukonstruktion, denn die im ersten Typenprogramm genormten Bauteile waren zu groß. Lediglich kleinere Ausrüstungsteile und Armaturen konnten die Chemnitzer Ingenieure verwenden. So entstanden 351 der insgesamt 453 Zeichnungen komplett neu. Bereits im Sommer 1927 lagen Georg Meyer die fertigen Entwürfe der 1'E 1'h2-Maschinen vor und am 15. August 1927 schlossen die SMF und die RBD Dresden einen entsprechenden Liefervertrag.

Dies stellte einen klaren Verstoß gegen die Geschäftsordnung der DRG dar, denn Fahrzeug-Neuentwicklungen mussten vom Lok-Ausschuss genehmigt werden. Die Mitglieder dieses Gremiums stimmten den Entwürfen am 17. Januar 1928 zu. Nun war der Weg für die 1'E 1'h2-Schmalspur-Einheitslok der Baureihe 99⁷³⁻⁷⁶ endgültig frei. Was damals noch keiner ahnen konnte – die Baureihe 99⁷³⁻⁷⁶ sollte gut 20 Jahre später Vorbild für die 1'E 1'h2-Neubauloks der Baureihe 99⁷⁷⁻⁷⁹ für 750 mm Spurweite sein.

Am 29. November 1928 absolvierte die 99 731 als erste Einheits-Schmalspurlok zwischen Freital-Potschappel und Mohorn ohne Probleme ihre Probefahrt. Bis zum 17. Dezember 1929 stellte die RBD Dresden 20 Exemplare der Baureihe 99⁷³⁻⁷⁶ in Dienst, wobei die letzten sieben Loks die Berliner Maschinenbau AG (BMAG), vormals Louis Schwartzkopff lieferte. Die BMAG hatte nach dem Konkurs der SMF deren Lieferquoten übernommen. Die RBD Dresden stationierte die Baureihe 99⁷³⁻⁷⁶, welche die Eisenbahner umgangssprachlich in Fortsetzung sächsischer Traditionen als »VII K« bezeichneten, in Oberwiesenthal, Zittau und Thum. Die Maschinen bestachen durch ihre sehr guten Laufeigenschaften und die enorme Leistungsfähigkeit. Dies unterstrich auch Richard Paul Wagner: »*Der Kessel gestattet, eine Höchstleistung von etwa 900 PSi und eine Dauerleistung von etwa 850 PSi zu erzielen. Dementsprechend vermag die Lokomotive bei (…) 30 km/h (…) in der Ebene 570 t zu befördern, auf der meist vorkommen-*

Mit einem Gewicht von 56,7 t bei vollen Vorräten gehörten die Einheitsloks der BR 99⁷³⁻⁷⁶ zu den schwersten deutschen Schmalspurloks. *Abbildung: Archiv Endisch*

Haupteinsatzgebiet der Baureihe 99[73-76] bei der Deutschen Reichsbahn war die Zittauer Bimmelbahn. Mit einem sehenswerten Güterzug stampfte die 99 749 am 16. August 1977 durch Olbersdorf-Oberdorf. *Foto: Kleine, Archiv transpress*

den Steigung von 25 Promille und Krümmungen von 50 mm Halbmesser sinkt die Förderleistung bei 30 km/h auf 130 t.«[3]

Im Jahr 1933 bestellte die DRG noch einmal zwölf Maschinen, die die BMAG in der zweiten Jahreshälfte lieferte. Noch heute sind einige der ursprünglich 32 Maschinen der Baureihe 99[73-76] auf den Strecken Freital-Hainsberg–Kurort Kipsdorf und Zittau–Oybin/Jonsdorf täglich im Einsatz.

Eine typische Einheitslok

Die Konstruktion der 99[73-76] entspricht den Baugrundsätzen der regelspurigen Einheitsloks. Die alten **Kessel** ersetzte die Deutsche Reichsbahn in den 60er-Jahren durch geschweißte Ersatzkessel. Die Dampferzeuger sind für einen Kesselüberdruck von 14 kp/cm[2] zugelassen. Der Langkessel be-

steht aus zwei Schüssen mit einem Innendurchmesser von 1.400 mm. Der Abstand zwischen den Rohrwänden beträgt 3.500 mm. Der Speisedom mit dem Winkelrost-Schlammabscheider sitzt auf dem ersten Kesselschuss, während der Dampfdom mit dem Ventilregler der Bauart Wagner & Schmidt auf dem zweiten Kesselschuss seinen Platz hat. Die 28 Rauch- und 92 Heizrohre bilden eine Rohrheizfläche von 73,60 m[2]. Die ursprünglich eingebauten Kupferfeuerbüchsen tauschte die Reichsbahn durch Feuerbüchsen aus Stahl. Das mittlere Rostfeld des 1,74 m[2] großen, dreiteiligen Rostes ist als Kipprost konzipiert. Der Achskasten sitzt zwischen der vierten und fünften Kuppelachse. Eine vordere, eine hintere und zwei seitliche Luftklappen sichern die Luftzufuhr zum Rost. Die beiden Sicherheitsventile der Bauart Ackermann sitzen auf der Rückseite des Dampfdomes. Eine Kolbenspeisepumpe der Bauart Nielebock-Knorr mit Oberflächenvorwärmer und eine saugende Strahlpumpe speisen den Kessel. Beide Pumpen haben eine För-

3 Vgl. Deutsche Reichsbahn-Gesellschaft: Die Einheitslokomotiven der Deutschen Reichsbahn; Berlin 1930, S. 15.

derleistung von 150 l/min. Die 99 751 bis 99 762 besaßen bei ihrer Anlieferung anstelle des Oberflächenvorwärmers und der Kolbenspeisepumpe einen Friedmann-Abdampfinjektor, den die Reichsbahn aber später wieder ausbaute.

Der stabile **Barrenrahmen** der 99$^{73\text{-}76}$ besteht aus 60 mm starken Rahmenwangen. Stirn- und Querbleche verbinden die beiden Rahmenwangen an den Enden. Ein Stahlguss-Stück zwischen den Zylindern dient als Rauchkammerträger und nimmt die Lager für die Ausgleichhebel zwischen der vorderen Laufachse und der ersten Kuppelachse auf.

Das **Laufwerk** besitzt eine Vierpunktabstützung. Dabei sind die vordere Laufachse sowie die erste und die zweite Kuppelachse durch Ausgleichhebel miteinander verbunden. Die dritte, vierte und fünf-

te Kuppelachse sowie die hintere Laufachse verbinden ebenfalls Ausgleichhebel. Die Lager aller Kuppelachsen können durch von hinten angeordnete Stellkeile nachgestellt werden. Die Treibachse ruht in einem Obergethmann-Lager. Damit die Baureihe 99$^{73\text{-}76}$ auch Radien bis 50 m durchfahren kann, besitzen die beiden Bissel-Laufachsen eine Seitenverschiebbarkeit von 120 mm. Die zweite und fünfte Kuppelachse lassen sich um 6 mm verschieben. Die anderen drei Kuppelachsen liegen fest im Rahmen. Der Spurkranz der Treibachse ist um 10 mm geschwächt.

Das **Zweizylinder-Triebwerk** arbeitet mit Heißdampf. Die außenliegenden Zylinder sind waagerecht angeordnet. Die Treibstange arbeitet auf die dritte Kuppelachse. Das vordere und hintere Treib-

■ Auf der Strecke Freital-Hainsberg–Kurort Kipsdorf teilen sich die Baureihen 99$^{73\text{-}76}$ und 99$^{77\text{-}79}$ die Leistungen. Am 20. September 2000 wartete die 99 746 in Freital-Hainsberg auf Fahrgäste. *Foto: Endisch*

stangenlager können nachgestellt werden. In den Kuppelstangen sitzen Buchsenlager.

Die außenliegende **Heusinger-Steuerung** besitzt eine innere Einströmung, das bedeutet, der Frischdampf tritt zwischen den beiden Schieberkörpern in den Schieberkasten ein. Die verwendeten Kolbenschieber wechselten im Laufe der Zeit. Die 1928/29 gelieferten Loks besaßen noch Regelkolbenschieber mit Eckventil-Druckausgleichern, während die 1933 gebauten Maschinen bereits mit Druckausgleich-Kolbenschiebern der Bauart Karl-Schulz ausgestattet waren. Die Reichsbahn baute in den 50er-Jahren bei einigen Einheits-VII K Druckausgleich-Kolbenschieber der Bauart Müller ein. In den 60er-Jahren rüstete das Raw Görlitz die Baureihe 99[73-76] schließlich mit modifizierten Trofimoff-Schiebern aus, mit denen die Maschinen heute noch im Einsatz sind.

Auch die **Brems-Ausrüstung** änderte sich seit der Anlieferung. Die Baureihe 99[73-76] besaß neben der Saugluftbremse der Bauart Körting für den Zug auch eine Druckluftbremse der Bauart Knorr für die Lok. Bediente der Lokführer das Führerbremsventil der Saugluftbremse, so regelte er damit über das Vakuum-Druckluftventil (VD-Ventil) auch die Zusatzbremse der Maschine. Weiterhin besaßen die Loks eine Wurfhebelbremse, eine Haspel für die Heberlein-Seilzugbremse und eine Gegendruckbremse der Bauart Riggenbach. Die Riggenbach- und Heberlein-Bremse entfielen aber recht bald. Heute besitzen die Maschinen nur noch eine Druckluftbremse der Bauart Knorr, die auch den Zug bremst. Die notwendige Druckluft liefert eine zweistufige Luftpumpe, die rechts neben der Rauchkammer sitzt.

Die Einheitsloks besitzen zahlreiche **Sondereinrichtungen**. Der Druckluft-Sandstreuer der Bauart Borsig-Reichsbahn sandet jetzt die Räder der ersten drei Kuppelachsen bei Vorwärtsfahrt und die Räder der letzten drei Kuppelachsen bei Rückwärtsfahrt. Die beiden Sandkästen sitzen links und rechts neben dem Dampfdom. Die Schmierung aller unter Dampf gehenden Teile sichert eine Hochdruck-Schmierpumpe der Bauart Bosch, die über ein Gestänge von der fünften Kuppelachse auf der Heizerseite angetrieben wird. Zwei Hochdruckpumpen der Bauart de Limon versorgen die Luft- und Speispumpe mit Schmieröl. Ein Geschwindigkeitsmesser der Bauart Deuta, ein Druckluft-Läutewerk der Bauart Knorr, ein Turbogenerator mit 5 kW Leistung für die Lok- und Zugbeleuchtung, eine Einheitstiefton-pfeife und ein Heizanschluss vervollständigen die Ausrüstung der Baureihe 99[73-76].

Der Brennstoffvorrat (2,5 t Kohle) lagert im Kohlekasten hinter dem Führerhaus. Der Wasservorrat von 5,8 m³ ist in den beiden seitlichen Wasserkästen und unter dem Kohlekasten untergebracht.

2. Die erste Neubaulok der DR: Die Baureihe 99⁷⁷⁻⁷⁹

2.1 Die sächsischen Schmalspurbahnen nach dem Zweiten Weltkrieg

Im Gegensatz zu zahlreichen regelspurigen Strecken blieben die sächsischen Schmalspurbahnen von kriegsbedingten Zerstörungen weitgehend verschont. So lief der Personen- und Güterverkehr nach Kriegsende relativ schnell wieder an. Allerdings waren die Befugnisse der zuständigen Reichsbahndirektion (Rbd) Dresden sehr beschränkt. Zwar hatte die Sowjetische Militäradministration in Deutschland (SMAD) den Eisenbahnbetrieb in ihrer Besatzungszone mit dem Befehl Nr. 8 vom 11. August 1945 formell mit Wirkung zum 1. September 1945 »den deutschen Eisenbahnern« übergeben, doch den Oberbefehl behielten sich die Sowjets vor. Aus gutem Grund, denn die Deutsche Reichsbahn (DR) war eines der wichtigsten Objekte bei der Entnahme von Reparationsgütern. Bereits beim Vormarsch der Roten Armee beschlagnahmten spezielle Kommandos zahlreiche Lokomotiven und Wagen. Nachdem die Rote Armee am 1. Juli 1945 auch in die bis dahin von britischen und amerikanischen Truppen besetzten Gebiete Mecklenburg-Vorpommerns, Sachsen-Anhalts, Thüringens und Sachsens einmarschiert war, setzten die Sowjets die Demontage von Gleisanlagen und die Requisition von Fahrzeugen aller Art fort. Zwar waren

Nachdem die SMAD 1945/1946 mehrere Maschinen der Baureihen 99⁶⁰⁻⁷¹ und 99⁷³⁻⁷⁶ beschlagnahmt hatte, herrschte auf den sächsischen Schmalspurbahnen ein Mangel an leistungsfähigen Maschinen. Die Einheitsloks bildeten das Rückgrat der Zugförderung in Oberwiesenthal, Thum und Zittau. Die 99 746 (Bw Zittau) zeigte sich Anfang der 50er-Jahre fast noch im Anlieferungszustand. Der Rauchkammer-Zentralverschluss stand der Lok gut zu Gesicht.

Foto: Slg. Kleine, Archiv transpress

von diesen Aktionen in erster Linie die Regelspurstrecken der Deutschen Reichsbahn betroffen, aber auch einige Schmalspurbahnen verschwanden so von der Streckenkarte.

Auf Befehl der SMAD wurde der Betrieb auf den Schmalspurbahnen Taubenheim–Dürrhennersdorf (17. September 1945) und Herrnhut–Bernstadt (1. Oktober 1945) eingestellt. Anschließend ließen die Sowjets die Gleisanlagen der beiden Strecken abbauen und samt den Fahrzeugen in Richtung Osten abtransportieren. Weiterhin beschlagnahmte die

■ Einen stattlichen Reisezug hatte am 16. August 1977 die 99 750 am Haken. In Olbersdorf-Oberdorf legte die Maschine nur einen kurzen Zwischenhalt ein.
Foto: Kleine, Archiv transpress

■ Noch heute stehen einige Maschinen der Baureihe 99⁷³⁻⁷⁶ tagtäglich unter Dampf. Die 99 735 der Sächsisch-Oberlausitzer Eisenbahn-Gesellschaft (SOEG) ergänzte am 2. April 1999 in Bertsdorf ihren Wasservorrat. *Foto: Endisch*

SMAD mehrere Schmalspurlokomotiven der Baureihen 99[51-60], 99[64-71] und 99[73-76], die zum größten Teil in Zittau, Meißen, Wilsdruff und Freital-Hainsberg stationiert waren.

Der Abtransport der erst wenige Jahre alten Einheitsloks und der zum größten Teil erst in den 20er-Jahren gebauten VI K stellte für den Betriebsdienst einen großen Verlust dar, denn die Maschinen waren nicht nur die modernsten, sondern auch die leistungsfähigsten auf den sächsischen Strecken. Nur mit sehr viel Improvisation konnte

Die ersten Neubauloks der Baureihe 99[77-79] stationierte die Deutsche Reichsbahn im Lokbf Oberwiesenthal. Dort stand am 30. Mai 1976 die 99 771. *Foto: Machel*

Von der SMAD nach dem Zweiten Weltkrieg beschlagnahmte Schmalspur-Dampfloks (750 mm)

Baureihe 99[51-60]
99 518, 521, 531, 546, 558, 571
Baureihe 99[64-71]
99 641, 645, 649, 652, 675, 676, 677, 690, 691, 695, 707, 708, 709, 710, 711, 717
Baureihe 99[73-76]
99 733, 736, 737, 744, 748, 751, 752, 753, 755, 756

der Betrieb aufrechterhalten werden.

Neben permanentem Lokmangel hatte die Rbd Dresden auch noch mit anderen Schwierigkeiten zu kämpfen. Ein ernstes Problem stellte die Brennstoffversorgung dar. Bereits seit Ende des Jahres 1945 war die Sowjetische Besatzungszone (SBZ) von den Steinkohlenzechen im Ruhrgebiet und in Schlesien abgeschnitten. Als Brennstoff für die Lokomotiven stand de facto nur noch Braunkohle zur Verfügung. Die in den wenigen sächsischen Gruben geförderte Steinkohle ging an die Stahlindustrie. So musste die Reichsbahn in ihren Dampfloks Rohbraunkohle oder Briketts verfeuern. Doch die meisten Maschinen, dazu gehörten auch die sächsischen Schmalspurloks, waren nicht für die Verfeuerung von Braunkohle ausgelegt. Der Heizwert der Braunkohle (2.000–4.600 kcal/kg) ist deutlich geringer als der der Steinkohle (7.000–7.400 kcal/kg). Dies bedeutete, dass die Heizer rund 50 % mehr Kohle in die Feuerbüchse schaufeln mussten, um die mit Steinkohle erzeugte Wärmemenge zu erreichen. Dadurch wurde aber der Aktionsradius der Maschinen eingeschränkt. Mit Aufsatzbrettern am Kohlekasten versuchten die Personale die knappen Vorräte der Maschinen zu vergrößern. Aber Braunkohle besitzt noch eine weitere negative Eigenschaft: Im Gegensatz zur Steinkohle zerfällt sie während des Verbrennens. Bei den Dampfloks bedeutete das damals in der Praxis, dass die glühenden Kohleteilchen in den Aschkasten fielen und dort ausbrannten. Das verursachte nicht nur Dampfmangel, sondern führte auch zu ausgeglühten Roststäben, Rostbalken und verzogenen Aschkästen. Erst 1949 fand der Fahrmeister des Bw Zittau, Oskar Hönig, die Lösung – das »Tote Feuerbett«. Dabei wurde auf dem Rost eine Schicht aus altem Gleisschotter, Steinkohlenschlacke oder zerkleinerten Ziegelsteinen verteilt, bevor das Personal das Feuer aufwarf. Die Steine auf dem Rost hielten die glühenden Braunkohleteilchen zurück, bis sie ausgebrannt waren. Erst dann fielen sie als Asche in den Aschkasten.

Doch damit waren noch nicht alle Probleme mit der Braunkohlenfeuerung gelöst. Die Briketts verursachten zudem einen deutlich größeren Funkenflug sowie mehr Asche und Lösche. Den Funkenflug konnte die Reichsbahn durch den Einbau eines Prallbleches am Funkenfänger verhindern, sofern in den kleinen Rauchkammern der Schmalspurloks dafür Platz war. Für den gestiegenen Anfall von Lösche und Asche gab es dagegen keine Lösung. Zwar stellten sich die Personale gezwungenermaßen innerhalb kurzer Zeit auf die Verfeuerung von Braunkohle ein, doch stieg gleichzeitig der Unterhaltungsaufwand an den Kesseln.

Die DR besaß in den 40er- und 50er-Jahren bedingt durch die mangelhafte Wartung während des Zweiten Weltkrieges, den Abtransport zahlreicher Maschinen durch die SMAD sowie fehlende Ersatzteile und Arbeitskräfte einen zu hohen Schadbestand bei den Fahrzeugen. Die bei der Verbrennung der Braunkohle entstehenden Schwefelgase erhöhten zusätzlich den Verschleiß an den aus Kupfer hergestellten Feuerbüchsen bei zahlreichen Länderbahn- und Einheitsmaschinen. Bei den Schmalspurloks der Rbd Dresden verschärfte sich diese Situation noch zusätzlich durch fehlende Reparaturkapazitäten. Durch kriegsbedingte Zerstörungen in den Reichsbahnausbesserungswerken (Raw) und die Demontage technischer Ausrüstungen in den Werkstätten, die bis zum Abbau ganzer Ausbesserungswerke (Raw Rostock) reichte, fehlte es bei der DR an Kapazitäten in der Fahrzeuginstandhaltung. Die vorhandenen Ausbesserungswerke wurden darüber hinaus von der Trans-

portabteilung der SMAD für die Wartung der ihr direkt unterstellten Kolonnenloks[1] in Anspruch genommen. Dabei bestanden die Sowjets auf eine vorrangige Instandsetzung ihrer Fahrzeuge. In dieser Situation war für die Unterhaltung der sächsischen Schmalspurloks in den bis dahin zuständigen Ausbesserungswerken Chemnitz und Dresden kein Platz. Im Gegensatz zu den westlichen Besatzungszonen gab es in der SBZ auch keine großen Lokomotivfabriken, die in die Fahrzeugunterhaltung einsteigen konnten. Von den drei ehemaligen Produzenten, der Berliner Maschinenbau AG (BMAG), vormals Louis Schwartzkopff, in Berlin-Wildau, Orenstein & Koppel (O & K) in Potsdam-Babelsberg und den zur AEG gehörenden Borsig-Lokomotiv-Werken in Hennigsdorf, waren nur die Fabriken in Babelsberg und Henningsdorf halbwegs arbeitsfähig. Doch auch hier bestimmte die SMAD das Geschehen. Die Anlagen der BMAG hatten die Sowjets bereits im Sommer 1945 vollständig demontiert.

In dieser Situation entschied die Rbd Dresden, in einigen Bahnbetriebswerken die Reparatur von Schmalspurloks auszubauen. Die Schlosser in Nossen und Zittau arbeiteten bereits Schmalspurmaschinen im Rahmen der Schadgruppe L0 auf. Die Rbd Dresden ließ nun im Lokbahnhof Schwarzenberg des Bw Aue und im Bw Reichenbach spezielle Ausbesserungsabteilungen für Schmalspurmaschinen einrichten. Auch die Schmalspurabteilungen in Nossen und Zittau wurden erweitert. Sämtliche Reparaturen – bis hin zu Zwischen- und Hauptuntersuchungen – wickelte die Rbd Dresden nun in ihren Bahnbetriebswerken ab. Einige Aufträge, besonders bei der IV K, vergab die Rbd Dresden auch an die »Mechanische Werkstatt Freital«, die zur Vereinigung der Lokomotiv- und Waggonbauindustrie (LOWA) gehörte und sonst Werkloks reparierte. Allerdings dauerten die Ausbesserungen in den Bahnbetriebswerken aufgrund der doch deutlich schlechteren Ausstattung mit Werkzeugen und Anlagen wesentlich länger.

---

1 Zu den Kolonnen vgl. Michael Reimer u.a.: Kolonne. Die Deutsche Reichsbahn im Dienste der Sowjetunion; Stuttgart 1997.

Ab 1948 übernahm auch die Werkabteilung Schlauroth des Bw Görlitz die Ausbesserung von Schmalspurlokomotiven. Da das einstige E-Lok-Bw nach der Demontage der elektrischen Anlagen durch die Sowjets de facto keine betrieblichen Aufgaben mehr hatte, beschloss die Generaldirektion (GD) der Reichsbahn, die Werkabteilung zum 1. Januar 1950 in ein selbstständiges Raw zur Unterhaltung der Schmalspurloks umzuwandeln. Zwar verbesserte sich daraufhin langsam der Unterhaltungszustand der Fahrzeuge, doch der ständige Fahrzeugmangel in den Lokbahnhöfen war damit noch lange nicht behoben.

Im Gegenteil: Da der Verkehr auf den Schmalspurbahnen seit 1945 spürbar zugenommen hatte, stieg auch der Lokbedarf ständig an. Besonders der 1947 einsetzende Uranbergbau im Bereich der Strecken Cranzahl–Oberwiesenthal, Grünstädtel–Oberrittersgrün und des Thumer Netzes verschärfte die Situation. Mit dem Befehl Nr. 128 vom 26. Mai 1947 unterstellte die SMAD alle Bergwerke im Erzgebirge der am 27. Juni 1947 gegründeten »Staatlichen Aktiengesellschaft der Buntmetallindustrie Wismut« (SAG Wismut). Die Transporte für die SAG Wismut, ab 21. Dezember 1953 »Sowjetisch-Deutsche Aktiengesellschaft Wismut« (SDAG Wismut), besaßen oberste Priorität. Deshalb musste die Rbd Dresden in Thum, Oberwiesenthal und Rittergrün einen recht großen Fahrzeugpark vorhalten, um alle Züge pünktlich und sicher zu befördern. Dies war allerdings nur möglich, indem man Fahrzeuge von anderen Strecken abzog. Damit spitzte sich die Situation aber weiter zu.

Streckenauslastung ausgewählter sächsischer Schmalspurstrecken im Reiseverkehr im Winterfahrplan 1954/55

Strecke bzw. Streckenabschnitt	hin werktags	zurück werktags	hin sonntags	zurück sonntags
KBS 161d Zittau–Oybin/Jonsdorf[1]				
Abschnitt Zittau–Bertsdorf	9	8	8	7
Bertsdorf–Jonsdorf	7	6	6	5
Bertsdorf–Oybin	4	4	4	4
KBS 159c Radebeul Ost–Radeburg	8	9[2]	7	9
KBS 168b Freital-Hainsberg–Kipsdorf	7	6	6	6
KBS 164h Freital-Potschappel–Nossen				
Freital-Potschappel–Nossen[3]	2	2	2	2
Freital-Potschappel–Mohorn	4	3	3	2
Freital-Potschappel–Wilsdruff	3[4]	4	2	3
KBS 164m Meißen Triebischtal–Wilsdruff	3	3	3	3
KBS 164g Oberdittmannsdorf–Klingenberg-Colmnitz	1[5]	1	1	1[6]
KBS 168d Klingenberg-Colmnitz–Frauenstein	3	3	3	3
KBS 169r Cranzahl–Oberwiesenthal	8	8	8	8
KBS 169p Schönfeld-Wiesa–Thum –Meinersdorf				
Schönfeld-Wiesa–Geyer	7	6	5	4
Geyer–Thum	13	10	7	7
Thum–Meinersdorf	5	3	4	4
KBS 169q Thum-Wilischthal	4[7]	4	3	4

1) nur lokbespannte Personenzüge
2) zusätzlich ein Zugpaar Moritzburg–Radebeul Ost
3) zusätzlich täglich je ein Zugpaar Nossen–Wilsdruff und Oberdittmannsdorf–Wilsdruff
4) zusätzlich ein Zugpaar Freital-Potschappel–Wurgwitz
5) zusätzlich ein Zugpaar Klingenberg-Colmnitz–Naundorf
6) zusätzlich ein Zug Klingenberg-Colmnitz–Naundorf
7) zusätzlich ein Zugpaar Thum–Gelenau

2.2 Unter Zeitdruck: Die Entwicklung der Baureihe 99[77-79]

Bei der Generaldirektion (GD) der Deutschen Reichsbahn in Berlin kannte man die Situation in der Rbd Dresden. Doch auch in anderen Direktionen sah es nicht besser aus: Aufgrund des Beschlusses der Deutschen Wirtschaftskommission vom 12. März 1949 musste die Deutsche Reichsbahn zum 1. Januar 1949 alle ehemaligen Klein- und Privatbahnen in der SBZ übernehmen. Darunter waren auch einige Schmalspurbahnen mit 750 mm Spurweite, die nun den Direktionen Berlin, Erfurt, Schwerin, Magdeburg und Greifswald unterstanden. Die Besichtigung der beispielsweise in Perleberg, Putbus, Burg (b Magdeburg) oder Trusetal vorhandenen Maschinen gab Anlass zur Sorge. Die meisten Lokomotiven waren hoffnungslos

überaltert und befanden sich in einem teilweise sehr schlechten Unterhaltungszustand. Da sie im Regelfall keine Normteile besaßen, wie man sie bei der Reichsbahn seit den 20er-Jahren verwendete, war eine schnelle und grundlegende Verbesserung der Lage nicht möglich

Schon im Frühjahr 1950 beauftragte die DR den VEB Lokomotivbau »Karl Marx« (LKM) Babelsberg mit der Entwicklung einer 1'E1'h2-Tenderlok für den Einsatz auf den sächsischen Schmalspurbahnen. Als Vorbild diente die Baureihe 99[73-76]. Allerdings sollte die neue Maschine für die Verfeuerung von Braunkohle geeignet sein, einen größeren Brennstoffvorrat besitzen sowie möglichst viele geschweißte Teile haben. Die DR entschied sich für das LKM Babelsberg, da dort bereits seit 1947 als Reparationsleistungen Dh2-Schlepptenderloks für die Sowjetunion produziert wurden. Wie richtig diese Entscheidung war, zeigte die von der GD noch im Sommer 1950 in Auftrag gegebene Bedarfsanalyse für die Schmalspurbahnen mit 750 mm Spur-

■ Am 19. September 1984 gab es für die bestens gepflegte 99 771 und ihr Personal in Hammerunterwiesenthal viel zu tun. Die Güterwagen mussten noch auf die einzelnen Gleise verteilt werden. *Foto: Miethe*

weite. Insgesamt benötigten alle Direktionen langfristig 133 Maschinen einschließlich der notwendigen Reserven. Von den vorhandenen Loks waren allerdings bestenfalls noch 60 auf längere Sicht nutzbar.

Die zuständige Abteilung Maschinentechnik (IV) stellte daraufhin einen Beschaffungsplan auf, der bereits für 1951 die Indienststellung von 26 neuen Schmalspurloks für 750 mm Spurweite vorsah. In den folgenden Jahren bis 1954 sollten jeweils 30 Maschinen beschafft werden. Der Plan sah den Bau von 56 schweren 1'E1'h2-Tenderloks mit 10 t Achslast für die sächsischen Schmalspurbahnen und 20 leichten 1'D1'h2t-Maschinen für den Einsatz in der Prignitz und auf der Insel Rügen vor.

Die Abteilung Maschinentechnik unterrichtete am 9. August 1950 die Abteilung Planung und Statistik (VIII), deren Mitarbeiter sich mit allen grundsätzlichen Fragen in Sachen Fahrzeugbeschaffung und Verkehre auseinander setzten. Um ihrer Forderung Nachdruck zu verleihen, betonte die Abteilung IV, dass ihre Bedarfsanalyse auch die Transporte für die SAG Wismut berücksichtigte. Dieser Hinweis ver-

Stammstrecke der 99 771 war für viele Jahre die Fichtelbergbahn. Der Lokheizer der schilderlosen 99 771 hatte am 25. August 1978 im Bahnhof Neudorf für die Weiterfahrt nach Cranzahl mächtig nachgelegt. *Foto: Kleine, Archiv transpress*

Die letzte Maschine der Baureihe 99⁷⁷⁻⁷⁹, die 99 794, gehörte 1978 zum Bestand der Est Freital-Hainsberg des Bw Nossen. Mit einem Gmp rangierte die 99 794 am 31. August 1978 in Dippoldiswalde. *Foto: Kleine, Archiv transpress*

fehlte seine Wirkung nicht: Die Mitarbeiter der Abteilung VIII befürworteten die Beschaffung neuer Schmalspurloks. Ihr Leiter unterstand direkt dem

■ Jede Maschine erhielt an den Zylinderblöcken ein Fabrikschild des LKM Babelsberg. Dieses Schild gehört der 99 771.
Foto: Endisch

■ Zu den ersten Neubau-VII K, die die Reichsbahn abstellte, gehörte die 99 774. Im August 1971 war sie mit einem Güterzug auf dem Weg nach Hammerunterwiesenthal.
Foto: Slg. Lukow

Generaldirektor der Reichsbahn, Erwin Kramer, und verhandelte mit der Staatlichen Plankommission sowie der Abteilung Verkehr und Verbindungswesen im Zentralkomitee der SED. Die Plankommission sah zwar die Notwendigkeit zum Bau neu-

■ Die 99 794 gehört seit 1998 der BVO Bahn GmbH und kommt auf der Strecke Cranzahl–Kurort Oberwiesenthal zum Einsatz. Am 16. Februar 2001 erklomm die 99 794 die Steigung zwischen Kretscham-Rothensehma und Niederschlag. *Foto: Endisch*

er Schmalspurloks ein, bewilligte aber nur einen Teil der dafür notwendigen Stahlkontingente. Die Deutsche Reichsbahn spielte im ersten Fünfjahrplan (1950–1955) nur eine untergeordnete Rolle. Alle verfügbaren Ressourcen wurden in den Aufbau der Schwer- und Grundstoffindustrie investiert.

Auch organisatorische Probleme bei der Reichsbahn behinderten die zügige Beschaffung neuer Fahrzeuge. Im Sommer 1950 gab es weder konkrete Vorstellungen zur konstruktiven Gestaltung neuer Lokomotiven noch eine Stelle, von der aus die Arbeiten koordiniert wurden. Erst mit Wirkung zum 1. August 1951 schuf die DR das Technische Amt (TA) – ab 1953 Technisches Zentralamt (TZA) – unter der Leitung von Richard Lichtenfeld, das für die Entwicklung neuer Fahrzeuge zuständig war. Von »Neuen Baugrundsätzen für Dampflokomotiven«, wie sie Friedrich Witte bereits 1948 für die spätere Deutsche Bundesbahn formuliert hatte, war die Deutsche Reichsbahn noch weit entfernt, auch wenn in anderen Veröffentlichungen das Gegenteil behauptet wird. Erst am 22. Februar 1956 stellte der am 1. Mai 1953 berufene Referent für die Bauart der Dampf- und Diesellokomotiven, Hans Schulze, die »Richtlinien für die Entwicklung moderner Dampflokomotiven« vor.[2]

Gleichwohl kannten 1950 die Mitarbeiter des TA und die Konstrukteure des LKM Babelsberg Friedrich Wittes Thesen aus der Fachliteratur, die auch in der DDR gelesen wurde. Außerdem basierten Wittes »Neue Baugrundsätze« zu einem wesentlichen Teil auf den Erfahrungen mit den Einheitslokomotiven und der Massenfertigung der Baureihe 52 während des Zweiten Weltkrieges. Bei der Herstellung der Baureihe 52 hatten sich der Blechrahmen und der geschweißte Kessel tausendfach bewährt.

Vor diesem Hintergrund war es selbstverständlich, dass auch die Reichsbahn die Nutzung der Schweißtechnik und den Blechrahmen forderte, zumal die Kapazitäten für die Produktion von Barrenrahmen in der DDR fehlten. Bereits Anfang September 1950 legte der LKM Babelsberg die ersten Zeichnungen für die neuen Schmalspurloks vor.

2 Vgl. Hans Schulze: Richtlinien für die Entwicklung moderner Dampflokomotiven, in: Deutsche Eisenbahntechnik, Heft 4/1956, S. 149–156.
Der Beitrag basiert auf Schulzes gleichnamigen Vortrag auf der Schienenfahrzeugtechnischen Tagung in Halle (Saale) am 22. Februar 1956. Schulzes »Neue Baugrundsätze« bauen in wesentlichen Punkten (Blechrahmen, Schweißung und Verbrennungskammer) auf Wittes Ausführungen von 1948 auf. Allerdings musste die DR ihre Maschinen der Verfeuerung von Braunkohle anpassen. Schulze konnte sich dabei auf Vorarbeiten von Johannes Töpelmann stützen, unter dessen Federführung der erste Typenplan für die regelspurigen Dampfloks der DR entstanden war.

Zeitgleich bestätigte die Staatliche Plankommission die Beschaffung von insgesamt 16 Schmalspurloks für die Jahre 1952 und 1953. Die dafür notwendigen Bilanzmittel stammten aber im Wesentlichen nicht aus dem Etat des Ministeriums für Eisenbahnwesen, sondern wurden, um die Loks überhaupt bauen zu können, zum größten Teil dem so genannten Industriefonds entnommen. Das bedeutete, dass als Auftraggeber für diese Loks pro forma das Ministerium für Schwermaschinenbau fungierte. Somit überrascht es nicht, in den offiziellen Lieferlisten als Abnehmer für 20 Maschinen die Formulierung »Industriebetriebe der DDR« zu finden. Ohne diesen bürokratischen Trick, auf den Mitarbeiter der Abteilung VIII gekommen waren, hätte die Reichsbahn die Maschinen nie bauen können. Lediglich vier Lokomotiven gingen zulasten des DR-Budgets.

Anfang 1951 übernahm schließlich das Zentrale Konstruktionsbüro (ZB) in Berlin-Wildau der Vereinigung der Lokomotiv- und Waggonbauindustrie der DDR (LOWA) die Federführung bei der Konstruktion der nunmehr als Baureihe 99⁷⁷⁻⁷⁹ vorgesehenen Maschinen. Johannes Töpelmann leitete das ZB, das zeitgleich die Entwicklung der Baureihe 25¹⁰ vom VEB Lokomotivbau-Elektrotechnische Werke (LEW) »Hans Beimler« Hennigsdorf übernommen hatte. Die Ingenieure des ZB arbeiteten mit Hochdruck an der Baureihe 99⁷⁷⁻⁷⁹, denn bereits im Sommer 1951 wollte die Reichsbahn die erste Maschine in Dienst stellen, so sah es zumindest der am 4. Januar 1951 unterschriebene *vorläufige* Liefervertrag vor.

Am 19. März 1951 legten Johannes Töpelmann und der Chefkonstrukteur des LKM Babelsberg, Julius Schneider, die fast fertigen Entwürfe dem TA vor. Nach längeren Diskussionen musste das ZB die Zeichnungen in 16 Punkten überarbeiten. Die wichtigsten Änderungen betrafen das Laufwerk der Loks. So mussten die Achsschenkel vergrößert werden, damit der Flächendruck im Lager abnahm und sich damit dessen Lebensdauer verlängerte. Auch die geplanten Achslagergleitplatten aus Gusseisen fanden nicht die Zustimmung der DR. Die Eisenbahner befürchteten einen zu hohen Ver-

schleiß, weshalb Gleitplatten aus Rotguss eingebaut werden sollten. Dies war jedoch nicht so einfach, da die dafür benötigten Rohstoffe Kupfer,
Zinn, Zink und Blei Mangelware in der DDR waren.
Außerdem forderte die DR eine Oberschmierung für
die Achslager und den Einbau weicherer Federn.
Auch die Berechnungen zum Bogenlauf der Maschine überzeugten das TA nicht ganz. Das zulässige Seitenspiel der zweiten und vierten Kuppelachse wurde auf 12 mm festgelegt, wofür das TA
eine nochmalige Berechnung verlangte.

Für Diskussionen sorgte auch die Kesselspei-
sung. Das ZB plante ursprünglich den Einbau einer
Mischvorwärmeranlage. Doch eine solche Anlage
war in der DDR noch nicht verfügbar, da die Pa-
tentrechte der bisher erprobten Henschel- und
Heinl-Anlagen in der Bundesrepublik bzw. in Öster-
reich lagen. Die Entwicklungsarbeiten an der
Mischvorwärmeranlage des LKM Babelsberg
steckten noch in den Anfängen. Aus diesen Gründen entschied sich die DR zunächst für den Einbau

eines Friedmann-Abdampfinjektors. Da es Vorbe-
halte gegen diese Anlage gab, ließ das TA die Baureihe 99[77-79] letztlich mit zwei saugenden Strahlpumpen ausrüsten.

Das ZB überarbeitete anschließend die Unterlagen und legte diese Anfang April 1951 dem TA erneut vor. Richard Lichtenfeld bestätigte sie am
19. April unter Vorbehalt, doch damit war bei der DR
noch keine endgültige Entscheidung über die Beschaffung der Baureihe 99[77-79] gefallen, denn einen
rechtsverbindlichen Liefervertrag zwischen Reichsbahn und LKM Babelsberg gab es bis dato noch
nicht. Damit stand aber auch die endgültige Bauausführung der Maschinen noch nicht fest.

Trotz dieser ungeklärten Verhältnisse bestellte
der LKM Babelsberg bereits Material und begann
nach der Fertigstellung der letzten Zeichnungen Anfang 1952 mit dem Bau der ersten Teile. Zu diesem
Zeitpunkt hatten weder die Generaldirektion der DR
noch das TA einen endgültigen Liefervertrag mit
dem LKM Babelsberg geschlossen. Erst im Som-

Abnahme der Baureihe 99[77-79]

Lok	Werksabnahme	Probefahrt am	Probefahrtstrecke	Genehmigung der Indienststellung am	bei Rbd
99 771	12.08.1952[1]	19.08.1952	Freital-Hainsberg–Kurort Kipsdorf u.z.	20.08.1952	Dresden
99 772	20.10.1952	07.11.1952	Freital-Hainsberg–Kurort Kipsdorf u.z.	18.11.1952	Dresden
99 773	13.12.1952	20.12.1952	Freital-Hainsberg–Kurort Kipsdorf u.z.	22.12.1952	Dresden
99 774	13.12.1952	22.12.1952	Freital-Hainsberg–Kurort Kipsdorf u.z.	23.12.1952	Dresden
99 775	28.03.1953	10.04.1953	Freital-Hainsberg–Kurort Kipsdorf u.z.	10.04.1953	Dresden
99 776	30.03.1953	09.04.1953	Freital-Hainsberg–Kurort Kipsdorf u.z.	14.08.1953	Dresden
99 777	06.06.1953	13.06.1953	Freital-Hainsberg–Kurort Kipsdorf u.z.	14.08.1953	Dresden
99 778	06.06.1953	12.06.1953	Freital-Hainsberg–Kurort Kipsdorf u.z.	14.08.1953	Dresden
99 779	16.06.1953	29.06.1953	Freital-Hainsberg–Kurort Kipsdorf u.z.	14.08.1953	Dresden
99 780	16.06.1953	30.06.1953	Freital-Hainsberg–Kurort Kipsdorf u.z.	14.08.1953	Dresden
99 781	05.08.1953	15.09.1953	Freital-Hainsberg–Kurort Kipsdorf u.z.	15.09.1953	Dresden
99 782	?	11.09.1953	Freital-Hainsberg–Kurort Kipsdorf u.z.	11.09.1953	Dresden
99 783	27.11.1953	05.12.1953	Freital-Hainsberg–Kurort Kipsdorf u.z.	05.12.1953	Dresden
99 784	08.12.1953	15.12.1953	Freital-Hainsberg–Kurort Kipsdorf u.z.	15.12.1953	Dresden
99 785	23.10.1954	04.11.1954	Freital-Hainsberg–Kurort Kipsdorf u.z.	13.11.1954	Dresden
99 786	30.10.1954	04.01.1955	Wernshausen–Trusetal u.z.	25.01.1955	Erfurt
99 787	?	07.03.1957	Thum–Meinersdorf u.z.	20.03.1957	Dresden
99 788	11.03.1957	19.03.1957	Oberwiesenthal–Cranzahl u.z.	23.03.1957	Dresden
99 789	30.01.1957	19.02.1957	Oberwiesenthal–Cranzahl u.z.	01.03.1957	Dresden
99 790	16.02.1957	20.02.1957	Cranzahl–Oberwiesenthal u.z.	01.03.1957	Dresden
99 791	05.10.1956	24.01.1957	Freital-Hainsberg–Malter u.z.	19.02.1957	Dresden
99 792	?	07.02.1957	Freital-Hainsberg–Kurort Kipsdorf u.z.	19.02.1957	Dresden
99 793	?	15.02.1957	Freital-Hainsberg–Kurort Kipsdorf u.z.	19.02.1957	Dresden
99 794	11.10.1956	24.10.1956	Wernshausen–Trusetal u.z.	01.11.1956	Erfurt

1) Die Werkabnahme erfolgte laut Betriebsbuch nicht in Babelsberg, sondern in Hennigsdorf.

mer 1952 legte das TA der Abteilung der Maschinenwirtschaft der Rbd Dresden den Entwurf für einen Liefervertrag vor. Die endgültige Fassung einschließlich der Lieferbedingungen fixierte die DR erst am 23. Juli 1952. Zu diesem Zeitpunkt standen die ersten Maschinen im LKM Babelsberg kurz vor ihrer Fertigstellung.

Kein Wunder also, dass der Vertragsentwurf, der am 5. August 1952 in Babelsberg eintraf, bei den Mitarbeitern des LKM auf Unverständnis stieß, zumal wenige Tage später, am 12. August 1952 die 99 771 ihre Werksabnahme haben sollte. Beson-

ders einige neue Änderungswünsche der Reichsbahn, die z.B. das Führerhaus und den Kessel betrafen, konnten nun nicht mehr berücksichtigt werden. Die Arbeiten waren bereits zu weit fortgeschritten. Das LKM Babelsberg berief sich dabei auf die im Frühjahr 1951 vom TA genehmigten Zeichnungen. Doch dieses Argument ließ die Generaldirektion der DR nicht gelten. Hier betonte man, dass es noch keinen Vertrag gegeben habe. Ein Erklärung, warum über ein Jahr bis zur endgültigen Festlegung der Lieferbedingungen vergangen war, gab die Reichsbahn jedoch nicht. Eine Einigung

Verbleib der Baureihe 99⁷⁷⁻⁷⁹

Lok	Baujahr	Fabrik-Nr.	Endabnahme	erstes Bw	letztes Bw	z-Stellung	Ausmusterung	Verbleib
99 771	1952	32.010	18.08.1952	Wilsdruff	Dresden	-	01.01.2001	Abgabe BRG
99 772	1952	32.012	07.11.1952	Annaberg-Buchholz	Chemnitz	-	24.05.1998	Abgabe an BVO
99 773	1952	32.011	20.12.1952	Wilsdruff	Chemnitz	-	24.05.1998	Abgabe an BVO
99 774	1952	32.013	22.12.1952	Wilsdruff	Aue	07.12.1977	20.12.1979	++ 30.01.1980 Raw Görlitz
99 775	1953	32.014	10.04.1953	Wilsdruff	Dresden	-	01.01.2001	Abgabe BRG
99 776	1953	32.015	09.04.1953	Wilsdruff	Zwickau	17.07.1994	25.02.1996	Abgabe an BVO
99 777	1953	32.016	13.06.1953	Thum	Dresden	-	01.01.2001	Abgabe BRG
99 778	1953	32.017	06.06.1953	Thum	Dresden	-	01.01.2001	Abgabe BRG
99 779	1953	32.018	30.06.1953	Thum	Dresden	-	01.01.2001	Abgabe BRG
99 780	1953	32.019	30.06.1953	Thum	Riesa	23.03.1994[1]	25.02.1996	
99 781	1953	32.022	15.09.1953	Thum	Nossen	06.01.1994[2]	25.02.1996	Abgabe VM Nürnberg
99 782	1953	32.023	12.09.1953	Thum	Stralsund	-	23.01.1996	Abgabe an RüKB
99 783	1953	32.024	05.12.1953	Thum	Dresden	04.07.1998	31.12.1998	Abgabe an RüKB
99 784	1953	32.025	15.12.1953	Thum	Stralsund	-	23.01.1996	Abgabe an RüKB
99 785	1954	132.024[3]	04.11.1954	Thum	Chemnitz	-	24.05.1998	Abgabe an BVO
99 786	1954	132.025[4]	04.01.1955	Meiningen	Chemnitz	-	24.05.1998	Abgabe an BVO
99 787	1956	132.028	07.03.1957	Thum	Görlitz	-	01.12.1996	Abgabe SOEG
99 788	1956	132.029	20.03.1957	Annaberg-Buchholz	Dresden	-	01.01.2001	Abgabe BRG
99 789	1956	132.030	19.02.1957	Annaberg-Buchholz	Dresden	-	01.01.2001	Abgabe BRG
99 790	1956	132.031	20.02.1957	Annaberg-Buchholz	Riesa	10.04.1994	25.02.1996	Schaustück Hainsberg
99 791	1956	132.032	24.01.1957	Thum	Riesa	08.02.1994[5]	25.02.1996	Abgabe TR Radebeul
99 792	1956	132.033	07.02.1957	Thum	Aue	08.12.1972	31.05.1973	verkauft[6]
99 793	1956	132.034	15.02.1957	Wilsdruff	Dresden	-	01.01.2001	Abgabe BRG
99 794	1956	132.035	24.10.1956	Meiningen	Chemnitz	-	24.05.1998	Abgabe an BVO

1) Die Lok wurde am 07.10.1993 abgestellt.

2) Die Lok wurde am 22.11.1992 abgestellt und um 01.01.1993 als Dauerleihgabe an das VM Nürnberg abgegeben.

3) Das Betriebsbuch nennt verschiedene Fabrik-Nr.: Das Abnahmeprotokoll des LKM Babelsberg gibt die Nr. 132.024 an. Das Abnahmeprotokoll der DR gibt für den Kessel die Fabrik-Nr. 132.026 und für den Rahmen die Nr. 32.024 an.

4) Das Betriebsbuch nennt verschiedene Fabrik-Nr.: Das Abnahmeprotokoll des LKM Babelsberg gibt die Nr. 132.025 an. Das Abnahmeprotokoll der DR gibt für den Kessel die Fabrik-Nr. 132.027 und für den Rahmen die Nr. 32.025 an.

5) Die Lok wurde am 30.11.1992 abgestellt und ab 01.01.1993 an die TR Radebeul als Ausstellungslok abgegeben. Erst am 1. Juni 2000 wurde die Lok an die TR Radebeul verkauft.

6) Die Lok wurde als Heizlok an den VEB Schuhfabrik »Panther« Ehrenfriedersdorf verkauft.

zwischen der DR und dem LKM Babelsberg kam nicht zustande. Die Reichbahn musste – ob sie wollte oder nicht – die ersten Maschinen so abnehmen, wie Babelsberg sie gebaut hatte.

Nach der Werksabnahme am 12. August 1952 lieferte das LKM Babelsberg mit der 99 771 die erste Maschine an die DR. Am 19. August 1952 absolvierte die Lok auf der Strecke Freital-Hainsberg–Kurort Kipsdorf ihre Probefahrt, aber erst am 25. Oktober desselben Jahres traf sie in ihrer neuen Dienststelle, dem Lokbf Oberwiesenthal des Bw Annaberg-Buchholz, ein. Was in der Zwischenzeit mit der Neubau-VII K geschah, lässt sich heute nicht mehr eindeutig klären.

Doch richtig freuen konnte sich die Rbd Dresden nicht über die nach und nach gelieferten neuen Loks. Neben Fertigungsmängeln entsprachen die Maschinen in einigen Details nicht den betrieblichen Notwendigkeiten. So besaßen die ersten Neu-

bau-VII K beispielsweise keine 5-kW-Lichtmaschine für die Stromversorgung des Zuges, sondern nur eine Lichtmaschine mit einer Leistung von 500 Watt. Doch das sollten nicht die einzigen Probleme bleiben.

2.3 Startschwierigkeiten: Die ersten Einsatzjahre

Große Erwartungen setzten die Lokführer und Heizer in Oberwiesenthal und Thum in die neuen Maschinen der Baureihe 99⁷⁷⁻⁷⁹. Der erste Eindruck fiel auch sehr gut aus: Der großzügig bemessene Rost erleichterte die Feuerführung für den Heizer. Außerdem erzeugte der Kessel dank seiner besseren Abstimmung zwischen Strahlungs- und Rohrheizfläche von 1 : 8 (Baureihe 99⁷³⁻⁷⁶ 1 : 10) deutlich

Ohne Nummernschilder pendelte am 12. November 1983 die 99 782 zwischen Schönfeld-Wiesa und der Papierfabrik Schönfeld. Wenige Monate später, im Sommer 1984, setzte die Reichsbahn die Maschine auf die Insel Rügen um. *Foto: Miethe*

■ Aufgrund des schlechten Zustandes ihrer Rahmen musste das Bw Nossen 1988 die 99 778 und 99 779 abstellen. Am 9. April 1991 rosteten die beiden Maschinen in Radebeul Ost vor sich hin. Das Raw Görlitz rüstete beide Loks 1992 mit neuen Rahmen und Kesseln aus. *Foto: Endisch*

■ Im Bahnhof Moritzburg stand am 16. November 1997 die 099 742 (ex 99 778). Für den Einsatz auf der Strecke Radebeul Ost–Radeburg besitzt die Maschine eine Saugluftbremse. *Foto: Endisch*

■ Zu den wenigen nicht neugebauten Maschinen der Baureihe 99$^{77-79}$ gehört die 099 750 (ex 99 786). Sie nahm im April 1996 in Cranzahl Wasser. Seit 1998 gehört die Lok der BVO Bahn GmbH. *Foto: Endisch*

■ Die Deutsche Bahn stellte die nicht erneuerten Maschinen ab Mitte der 90er-Jahre schrittweise ab. Die 99 780 rostet heute im Bahnhof Freital-Hainsberg (24. Mai 2001) vor sich hin. *Foto: Endisch*

■ Auch die auf Leichtöl-Feuerung umgebaute 99 787 erhielt im Raw Görlitz einen neuen Kessel und Rahmen. Am 15. November 1997 pausierte die Maschine im Bahnhof Bertsdorf. *Foto: Endisch*

mehr Dampf. Auch der Verschleiß bei den Achslagern und Tragfedern fiel deutlich geringer aus als bei den Einheitsmaschinen. Außerdem verursachten die beiden Strahlpumpen weniger Aufwand in der Unterhaltung als der Oberflächenvorwärmer.

Doch die Zufriedenheit währte nicht lange. Bereits bei den Probefahrten hatten die Abnahmeinspektoren der Reichsbahn zahlreiche Mängel festgestellt, deren Ursachen eindeutig in der schlechten Arbeitsausführung seitens des LKM Babelsberg lagen. Doch die Schuld lag nicht nur beim Herstel-

ler: Oft entsprach die Qualität der dem LKM gelieferten Materialien und Halbzeuge nicht den Standards. Viel schwerer wogen außerdem die ungenügende Ausrüstung mit Werkzeugmaschinen und Vorrichtungen sowie fehlende Fachkräfte. Ein nicht unerheblicher Teil des ingenieurtechnischen Personals und der Facharbeiter waren Ende der 40er-Jahre in den Westen übergesiedelt. Damit hatte der LKM Babelsberg auch viel Wissen – z.B. bei der Schweißtechnik – verloren.

Bereits Ende 1953 – die letzten Maschinen des ersten Bauloses waren noch gar nicht abgenommen – häuften sich die Schäden an den nagelneuen Kesseln. So registrierte das Bw Annaberg-Buchholz zahlreiche Risse in den Feuerbüchsrohrwänden und ungewöhnlich viele gebrochene Stehbolzen. Besonders dramatisch war die Situation bei der oberen Bolzenreihe: Hier brachen die Stehbolzen reihenweise weg. Das Raw Görlitz versuchte

■ Äußerliches Erkennungsmerkmal der neubekesselten Lokomotiven war die in Schornsteinhöhe montierte Pfeife. Später wurde die Pfeife aber wieder am Dampfdom angebaut. Das Personal der 099 737 (ex 99 772) wärmte im April 1996 in Oberwiesenthal die Zylinder für den nächsten Einsatz vor. *Foto: Endisch*

Mit einem langen Reisezug war die 99 771 am 24. Mai 2001 im Weißeritztal unterwegs. Gerade passierte die Maschine mit ihrem Reiszug die Talsperre Malter. *Foto: Endisch*

das Problem durch den Einbau von kupfernen Steh-bolzen zu beheben, da Kupfer elastischer als Stahl ist. Doch das half nichts: Die Brüche traten immer wieder auf. Außerdem brachen die Schlingerstücke und zu allem Unglück gab es Risse in den Steh-kesseln mehrerer Neubau-VII K. Die Situation spitz-te sich derart zu, dass sich am 8. und 9. Septem-ber 1954 Mitarbeiter des TZA, der Hauptverwaltung der Maschinenwirtschaft (HvM), der Hauptverwal-tung der Reichsbahnausbesserungswerke (Hv Raw), des Raw Görlitz, der Verwaltung der Maschi-nenwirtschaft der Rbd Dresden und des LKM Ba-belsberg zu einem Krisengespräch trafen. Die Ur-sachen für die zum Teil betriebsgefährlichen Schä-den wurden schnell gefunden – konstruktive Fehler und Qualitätsmängel bei den Schweißnähten und dem verwendeten Stahl.

Kurzfristig verfügte die DR den Einbau von 18 mm starken Stehbolzen, womit man die Pro-bleme einigermaßen in den Griff bekam. Im Hinblick auf ein zweites Baulos erarbeitete das TZA bis En-de 1954 einen Maßnahmenkatalog, der die Schwierigkeiten mit den Kesseln langfristig löste. Die wichtigsten Punkte waren dabei der Einbau von Gelenkstehbolzen und der Anbau eines größeren Flansches für den Steuerbockuntersatz, der die Spannungen im Stehkessel verringerten sollte. Die im Raw Görlitz immer weiter verbesserte Schweiß-technik half außerdem, den Instandhaltungsauf-wand bei den Kesseln zu reduzieren.

Doch kaum waren die Schwierigkeiten mit den Dampferzeugern gelöst, machte die Baureihe 99[77-79] abermals auf sich aufmerksam. Nun häuften sich die Schäden an den geschweißten Blechrahmen. Um es gleich vorweg zu nehmen : Die Rahmenschäden waren keine Startschwierigkeiten, sie entpuppten sich sehr schnell als ein gravierender Konstruktionsfehler, den die DR nie beheben konnte.

Bereits im Juli 1955 sorgte der Zustand der 99 778 für Kopfzerbrechen bei den Mitarbeitern des Raw Görlitz. Das Bw Thum hatte bereits Anfang 1955 im Zuge einer L0 (11. Januar bis 10. Februar 1955) einen Riss zwischen dem Obergurt und dem Rahmendurchbruch für die Verriegelung der Aschkastenklappen geschweißt. Dieser Riss vergrößerte sich aber in den folgenden Monaten dramatisch, so dass die Lok dem Raw Görlitz zugeführt werden musste. Dort verfolgte man die Entwicklung mit Sorge und lud umgehend Mitarbeiter des TZA, der HvRaw und des LKM Babelsberg zu einer Besichtigung des Rahmens ein. Als Sofortmaßnahme ordnete das TZA das Einschweißen eines Verstärkungsbleches im Bereich der dritten und vierten Kuppelachse auf der Heizerseite an. Doch damit war das Problem nicht gelöst, denn durch das einfach in die Rahmenwange gebrannte Loch waren Spannungen im Material entstanden, die weiter arbeiteten und so für neue Risse sorgten. Erst der Einbau von Pass-Stücken brachte Abhilfe.

Der Rahmen blieb problematisch, denn nun traten Risse u.a. in der Rahmenverbindung zwischen den Zylindern und in den Ecken der Achslagerführungen auf. Auch der Einbau zusätzlicher Versteifungen und Verstärkungswinkel oder Rahmenflicken half nicht. Der Rahmen blieb die Schwachstelle der Neubau-VII K bis Anfang der 90er-Jahre.

Der zu schwach dimensionierte Blechrahmen neigte nicht nur zu Rissen und Brüchen, er verbog und verzog sich auch relativ leicht, was die Ausbesserung zusätzlich erschwerte. Das Raw Görlitz legte deshalb für die Blechrahmen der Baureihe 99[77-79] spezielle Messblätter an, wo für jede Maschine die wichtigsten Ausbesserungen verzeichnet waren.

Zwar erkannte das TZA die Schwachstellen der Neubau-VII K, doch konnten nur einige konstruktive Mängel für das 1956/57 vorgesehene zweite Baulos behoben werden. Eine grundlegende Überarbeitung der Rahmenkonstruktion unterblieb allerdings. Dazu fehlten der Reichsbahn Mittel und Personal, denn die Konstruktion der regelspurigen Neubaudampfloks hatte zu diesem Zeitpunkt absoluten Vorrang. Rahmen, Kessel und Führerhaus der Baureihe 99[77-79] modifizierte das TZA unter der Leitung von Hans Schulze Ende 1955. Zu diesem Zeitpunkt hatte die HvM aber bereits weitere acht Maschinen in Auftrag gegeben. Das entsprechende Bestellschreiben ging am 19. Mai 1955 an den LKM Babelsberg. In Babelsberg hatte man inzwischen aus den Fehlern gelernt und fing erst mit der Arbeit an, als die endgültige Bestellung der HvM vorlag.

Auch die zwischen 1956 und 1957 gelieferten 99 787–794 gingen nicht zulasten der Reichsbahn. Wie bei der 99 775–786 gelang es der Abteilung Planung und Statistik, die notwendigen Bilanzmittel für die Maschinen aus dem Industriefonds zu erhalten.

2.4 Neue Kessel und Rahmen: Die Erneuerung der Baureihe 99[77-79]

Mit viel Fleiß und Improvisationsvermögen hielten die Eisenbahner des Raw Görlitz die Maschinen der Baureihe 99[77-79] am Laufen. Zwar verursachten die Neubau-VII K im Vergleich zu den Einheitsloks einen erheblich höheren Aufwand in der Instandhaltung, doch die Verfügbarkeit der Maschinen nahm in den 60er-Jahren deutlich zu. Erst Anfang der 80er-Jahre häuften sich die Probleme wieder. Neben den üblichen Verschleißerscheinungen traten bei den nun rund 30 Jahre alten Loks zunehmend Materialermüdungen – vor allem bei den Rahmen und Kesseln – auf. In der zweiten Hälfte der 80er-Jahre stieg der Schadbestand bei der Baureihe 99[77-79] aufgrund der verschlissenen Rahmen an. Neben den Rissen in den Querverbindungen waren nun auch in immer größeren Umfang Verbiegungen in den Rahmen zu verzeichnen. Der Aufwand zum Richten der Blechrahmen wuchs mit jeder Ausbesserung. Bei einigen Maschinen bereitete zusätzlich die Befestigung der Zylinderblöcke Probleme. Die Pass-Schrauben rissen immer häufiger ab oder wurden lose. Die dadurch notwendigen Reparaturzeiten im Raw Görlitz oder den Heimat-Bahnbetriebswerken schlugen sich natürlich in einem erhöhten Schad- und Reparaturbestand und damit in fehlenden Einsatzmaschinen nieder. Verschärft wurde die Situation zusätzlich durch die Kapazitätsengpässe im Raw Görlitz, weil die Deutsche Reichsbahn in dem Schmalspur-Raw die für die Rangierbahnhöfe dringend benötigten Dreikraft-Gleisbremsen herstellen und unterhalten ließ.

Die HvM kannte die Misere und beauftragte bereits 1983 die Reichsbahndirektionen Cottbus, Dresden, Greifswald, Magdeburg und Schwerin mit ersten Vorarbeiten für einen langfristigen Plan zur Sicherung des Fahrzeugeinsatzes auf den Schmalspurbahnen. Im Dezember 1983 legte die Rbd Magdeburg als Erste ihren »Aufgaben- und Kontrollplan zur Herstellung und Sicherung der Leistungsfähigkeit der Harzer Schmalspurbahnen« vor. In Sachen Fahrzeugpark plante man hier ab 1987 den Einsatz von umgebauten Dieselloks der Baureihe 110. Bei den Schmalspurbahnen mit 750 und 900 mm Spurweite ging dies aufgrund technischer Schwierigkeiten nicht. Bei der Rbd Cottbus löste sich das Problem recht einfach, denn mit dem Ausbau der Braunkohlentagebaues bei Olbersdorf sollte die Zittauer Bimmelbahn stillgelegt und die verbliebenen Strecken eventuell als Überlandstraßenbahn betrieben werden.

Die Rbd Dresden hatte lediglich für die Strecke Oschatz–Mügeln–Kemmlitz eine langfristige Planung. Der »Wilde Robert« sollte nach einer Studie vom 27. Juli 1983 auf Regelspur umgebaut werden. Dafür veranschlagte die Rbd Dresden rund 32 Millionen Mark. Diese Vorschläge brachten die HvM nicht weiter. Zunächst dachte die Abteilung Triebfahrzeug-Unterhaltung daran, einige Maschinen

der Baureihe 99[77-79] mit neuen Zylindern, Rahmen und Kesseln auszurüsten. Darin besaß die DR ja Erfahrung, denn bereits in den 60er-Jahren hatte man auf diese Art und Weise u.a. einige IV K, VI K und ehemalige Privatbahnmaschinen modernisiert, wobei diese Generalreparaturen fast Neubauten gleich gekommen waren. Allerdings lehnte diesmal das Raw Görlitz ab, die Kapazitäten zum Kesselbau fehlten.

Anfang 1987 fiel die Entscheidung, für die sächsischen Schmalspurbahnen neue Diesellokomotiven zu beschaffen. Geplant war der Kauf von rumänischen Maschinen, die in Bukarest in Lizenz auf der Grundlage einer Henschel-Konstruktion gefertigt wurden. Allerdings sollten diese 50 km/h schnellen Fahrzeuge mit leistungsreduzierten Motoren des Typs 12 KVD 21 A 5 aus DDR-Produktion ausgerüstet werden. Das Baumuster wollte die HvM im Herbst 1990 einsetzen. Bis 1994 wollte die DR dann 30 Loks für die 750 mm Schmalspurbahnen beschaffen. Vor dem Hintergrund dieser Planungen verfügte die Rbd Dresden 1988/89 Maschinen, deren Unterhaltungszustand besonders schlecht war, in den Schadpark. Das Ende der Baureihe 99[77-79] schien gekommen.

Doch durch den wirtschaftlichen und politischen Umbruch in der DDR im Herbst 1989 wendete sich das Blatt. Aufgrund politischer Unruhen in Rumänien und schlechter Erfahrungen mit den Dieselloks der Baureihe 119 (heute 219) gab die HvM 1990 ihre Verdieselungspläne auf. Stattdessen stand erneut die grundlegende Erneuerung der Baureihe 99[77-79] auf der Tagesordnung. Zuerst war nur der Einbau neuer Kessel vorgesehen. Mit dem einsetzenden dramatischen Rückgang des Bahnverkehrs in der zweiten Jahreshälfte 1990 gab es in den Ausbesserungswerken Meiningen und Görlitz genügend freie Kapazitäten zum Bau von Kesseln. Das Raw Meiningen übernahm die Herstellung der neuen Dampferzeuger. Grundlage für den Nachbau bildeten die überarbeiteten Zeichnungen des zweiten Bauloses (siehe Abschnitt 3.1). In einigen Details modifizierte das Raw Meiningen die zweischüssigen Nachbaukessel. So erhielten z.B. die Queranker aufgrund der gültigen technischen Bestimmun-

Erneuerung Baureihe 99[77-79]

Lok	Schadgruppe	von	bis	eingebauter Rahmen	eingebauter Kessel
99 771	L 7	10.02.1992	25.05.1992	Raw Meiningen 8/1992[1]	Raw Meiningen 1.472/1992
99 772	L 7	05.04.1991	16.09.1991	Raw Meiningen 2/1991	Raw Meiningen 1.461/1991
99 773	L 7	25.04.1991	31.10.1991	Raw Meiningen 3/1991	Raw Meiningen 1.462/1991
99 775	L 7	29.08.1991	16.01.1992	Raw Meiningen 5/1991	Raw Meiningen 1.464/1991
99 777	L 7	09.06.1992	17.10.1992	Raw Meiningen 11/1992[1]	Raw Meiningen 1.475/1992
99 778	L 7	08.10.1991	01.05.1992	Raw Meiningen 6/1991	Raw Meiningen 1.465/1992
99 779	L 7	15.07.1991	17.11.1991	Raw Meiningen 4/1991	Raw Meiningen 1.463/1991
99 782	L 7	06.04.1991	04.09.1991	Raw Meiningen 1/1991	Raw Meiningen 1.460/1991
99 785	L 6	31.07.1992	15.10.1992	Raw Meiningen 12/1992	Raw Meiningen 1.476/1992
99 787	L 6	04.09.1992	21.02.1993	Raw Meiningen 14/1992[1]	Raw Meiningen 1.478/1992
99 788	L 6	16.03.1992	17.09.1992	Raw Meiningen 10/1992	Raw Meiningen 1.474/1992
99 789	L 6	24.08.1992	22.11.1992	Raw Meiningen 13/1992[1]	Raw Meiningen 1.477/1992
99 793	L 6	20.12.1991	20.05.1992	Raw Meiningen 7/1992	Raw Meiningen 1.471/1992
99 794	L 6	10.04.1992	17.07.1992	Raw Meiningen 9/1992	Raw Meiningen 1.473/1992

1) neuer Rahmen nicht im Betriebsbuch verzeichnet

gen Untersätze, um die Belastungen des Stehkessels zu verringern. Im Spätherbst 1990 nahm in der Kesselschmiede des Raw Meiningen der erste Nachbaukessel Gestalt an.

Zeitgleich entstand der erste Neubau-Rahmen für die Baureihe 99[77-79]. Die Idee, den Unterhaltungszustand der Neubauloks durch die Verwendung neuer Rahmen zu verbessern, stammte von der HvM. Allerdings vergab die Reichsbahn die Chance, die Rahmen konstruktiv grundlegend zu überarbeiten. Stattdessen fertigte das Raw Meiningen die neuen Rahmen nach den alten Zeichnungen! Zunächst wollte die DR einen festeren Stahl für die Rahmen verwenden. Da mit steigender Festigkeit aber die Elastizität abnimmt, entschied sich die HvM letztlich für die Verwendung des Stahls St 34, aus dem auch die alten Rahmen bestanden. Insgesamt lieferte das Raw Meiningen jeweils 14 neue Rahmen und Kessel, mit denen das Raw Görlitz zwischen 1991 und 1993 14 Maschinen ausrüstete. Die erste fertig gestellte Maschine war am 4. September 1991 die 99 782 der Est Putbus des Bw Stralsund. Zunächst arbeitete das Raw Görlitz die Maschinen des Schadparks auf, danach wurden auch andere Maschinen, deren Unterhaltungszustand besonders schlecht war, erneuert. Die Kosten dafür beliefen sich auf etwa 500.000 DM pro Lok. Die offiziell als »Großteilerneuerungen« deklarierten Zwischen- und Hauptuntersuchungen waren de facto Neubauten, denn die Dienstvorschriften der Deutschen Reichsbahn definieren den Rahmen als Identitätsträger der Lok.

Durch den Einbau der neuen Rahmen und Kessel gelang es der Deutschen Reichsbahn, den Unterhaltungszustand der Baureihe 99[77-79] grundlegend zu verbessern. Die Schadanfälligkeit der Maschinen nahm deutlich ab. Kein Wunder, die Qualität der verwendeten Materialien, die Schweißtechnik und die Bauausführung können nicht mit denen der 50er-Jahre verglichen werden.

3. Die Technik

3.1 Der Kessel

Der vollständig geschweißte und für einen Druck von 14 kp/cm² zugelassene Kessel der Baureihe 99⁷⁷⁻⁷⁹ wiegt mit Ausrüstung 9,7 t. Er wurde aus

St 34 gefertigt. Die Dampferzeuger (Durchmesser 1.400 mm) der 99 771 bis 786 bestehen aus einem Schuss. Bei den anderen Maschinen hingegen setzt sich der Langkessel mit seinen 13 mm starken Wänden aus zwei Schüssen zusammen. Der erste Kesselschuss trägt den Speisedom mit dem

Im Bahnhof Kipsdorf stand am 11. April 1991 die 99 783. Zu diesem Zeitpunkt besaß die Maschine bereits eine Druckluftbremse, wie man an der Luftleitung unschwer erkennen kann. Sehr gut ist aus dieser Perspektive die große Lichtmaschine zu erkennen, deren Abdampf durch ein Rohr am Schornstein ins Freie abgeleitet wird. *Foto: Endisch*

Die Frontansicht der 99⁷⁷⁻⁷⁹: Im Gegensatz zu den Harzbahn-Maschinen besaß die Neubau-VII K nie einen Rauchkammer-Zentralverschluss. Vor dem linken Wasserkasten steht der Fettbehälter der Spurkranzschmierung der Bauart Heyder. Abweichend von der Regelausführung sitzt das Druckluftläutewerk etwas versetzt (Radebeul Ost, 11. April 1991). *Foto: Endisch*

te der LKM Babelsberg auf gekümpelte Domunterteile verzichtet und schweißte den Dom lediglich mit zwei Kehlnähten am Langkessel fest. Auch die sonst üblichen Ringe zur Verstärkung des Domloches fehlen.

Der Rohrspiegel der Neubau-VII K setzt sich aus 92 Heizrohren mit einem Durchmesser von 44,5 mm und 28 Rauchrohren mit einem Durchmesser von 118 mm zusammen. Eine Ausnahme bilden die 99 787 bis 794. Ihre Rauchrohre sind mit 121 mm Innendurchmesser etwas größer. Die Mitte des Kessels liegt 2.100 mm über Schienenoberkante. Der Wasserraum des Kessels ist 3,1 m³ groß.

Die Seitenwände des Stehkessels verlaufen senkrecht, während die Stehkesselrückwand leicht nach vorn geneigt ist. Zur besseren Aufnahme des Reglergestänges bleibt der obere Teil der Rückwand gerade. Ein Blechanker verstärkt diesen Abschnitt. Die von unten eingebaute Stahlfeuerbüchse besitzt eine nach hinten geneigte Decke. Ein am Fuß angeschweißter Ring aus Flachstahl versteift die Feuerbüchse. Hingegen stabilisieren 16 mm starke, im

Winkelrost-Schlammabscheider. Auf dem zweiten Schuss sitzt der Dampfdom mit dem Nassdampfventilregler der Bauart Schmidt & Wagner und dem Dampfentnahmerohr. Dieses Rohr endet vor dem Führerhaus und versorgt den Dampfentnahmestutzen mit Nassdampf. Das Reglergestänge verläuft durch den Kessel. Ein Novum im deutschen Lokomotivbau stellte Anfang der 50er-Jahre der Einbau der Dome in den Langkessel dar. Entgegen den sonstigen Gepflogenheiten hat-

Vor der Weiterfahrt nach Kipsdorf ergänzte die 99 787 am 10. April 1991 in Dippoldiswalde ihren Wasservorrat. *Foto: Endisch*

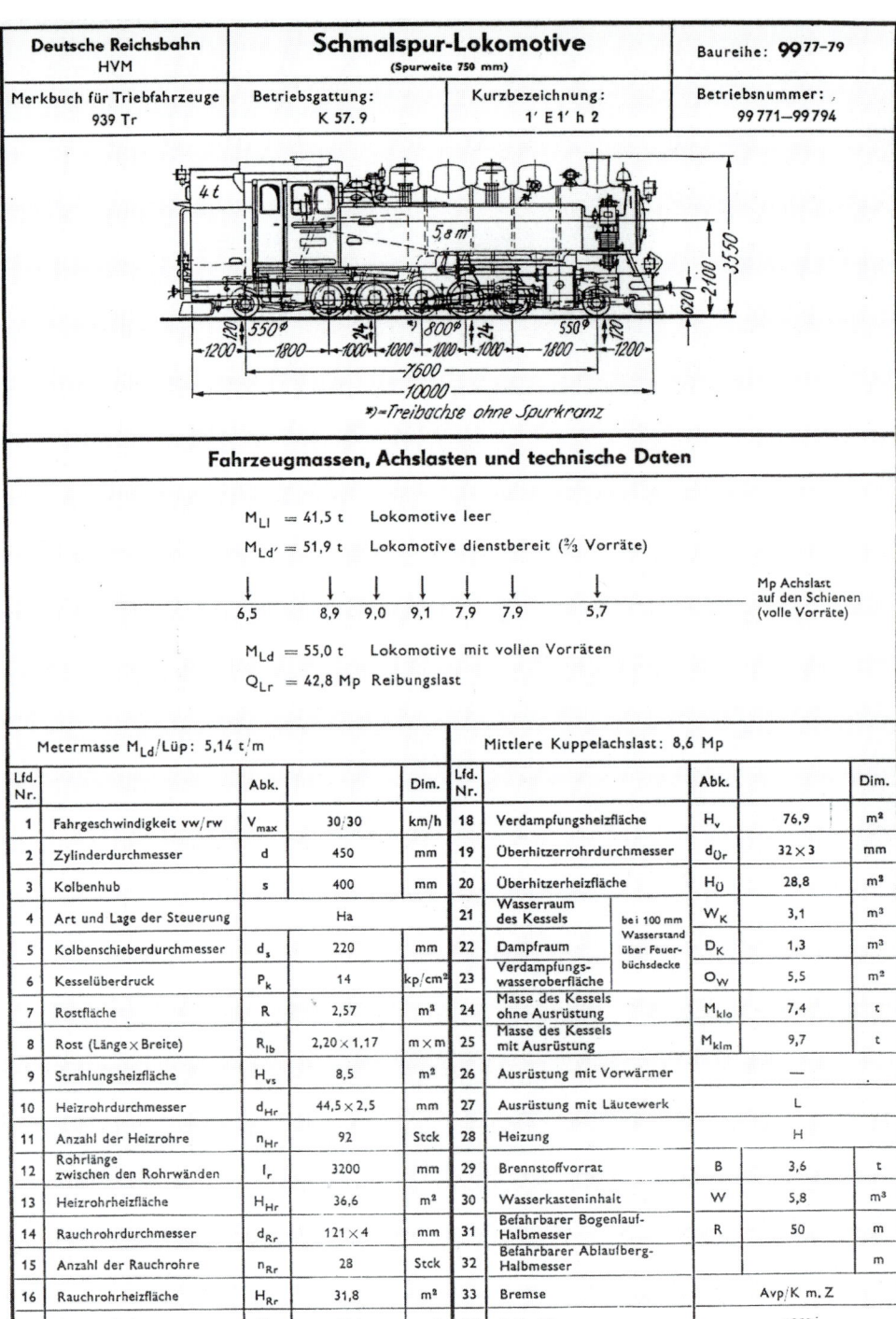

Deutsche Reichsbahn HVM	Schmalspur-Lokomotive (Spurweite 750 mm)		Baureihe: **99**77-79
Merkbuch für Triebfahrzeuge 939 Tr	Betriebsgattung: K 57.9	Kurzbezeichnung: 1' E 1' h 2	Betriebsnummer: 99 771–99 794

Fahrzeugmassen, Achslasten und technische Daten

M_{Ll} = 41,5 t   Lokomotive leer

$M_{Ld'}$ = 51,9 t   Lokomotive dienstbereit (⅔ Vorräte)

↓ 6,5   ↓ 8,9   ↓ 9,0   ↓ 9,1   ↓ 7,9   ↓ 7,9   ↓ 5,7   Mp Achslast auf den Schienen (volle Vorräte)

M_{Ld} = 55,0 t   Lokomotive mit vollen Vorräten

Q_{Lr} = 42,8 Mp   Reibungslast

Metermasse M_{Ld}/Lüp: 5,14 t/m   Mittlere Kuppelachslast: 8,6 Mp

Lfd. Nr.		Abk.		Dim.	Lfd. Nr.		Abk.		Dim.
1	Fahrgeschwindigkeit vw/rw	V_{max}	30/30	km/h	18	Verdampfungsheizfläche	H_v	76,9	m²
2	Zylinderdurchmesser	d	450	mm	19	Überhitzerrohrdurchmesser	$d_{Ür}$	32×3	mm
3	Kolbenhub	s	400	mm	20	Überhitzerheizfläche	$H_Ü$	28,8	m²
4	Art und Lage der Steuerung		Ha		21	Wasserraum des Kessels	W_K	3,1	m³
5	Kolbenschieberdurchmesser	d_s	220	mm	22	Dampfraum	bei 100 mm Wasserstand über Feuerbüchsdecke	D_K	1,3	m³
6	Kesselüberdruck	P_k	14	kp/cm²	23	Verdampfungswasseroberfläche	O_W	5,5	m²
7	Rostfläche	R	2,57	m²	24	Masse des Kessels ohne Ausrüstung	M_{klo}	7,4	t
8	Rost (Länge × Breite)	R_{lb}	2,20 × 1,17	m × m	25	Masse des Kessels mit Ausrüstung	M_{klm}	9,7	t
9	Strahlungsheizfläche	H_{vs}	8,5	m²	26	Ausrüstung mit Vorwärmer		—	
10	Heizrohrdurchmesser	d_{Hr}	44,5 × 2,5	mm	27	Ausrüstung mit Läutewerk		L	
11	Anzahl der Heizrohre	n_{Hr}	92	Stck	28	Heizung		H	
12	Rohrlänge zwischen den Rohrwänden	l_r	3200	mm	29	Brennstoffvorrat	B	3,6	t
13	Heizrohrheizfläche	H_{Hr}	36,6	m²	30	Wasserkasteninhalt	W	5,8	m³
14	Rauchrohrdurchmesser	d_{Rr}	121 × 4	mm	31	Befahrbarer Bogenlauf-Halbmesser	R	50	m
15	Anzahl der Rauchrohre	n_{Rr}	28	Stck	32	Befahrbarer Ablaufberg-Halbmesser			m
16	Rauchrohrheizfläche	H_{Rr}	31,8	m²	33	Bremse		Avp/K m. Z	
17	Rohrheizfläche	H_{vb}	68,4	m²	34	1. Baujahr		1952	

Bemerkungen:

Mit einem Gewicht von 55,0 t bei vollen Vorräten war die Baureihe 99⁷⁷⁻⁷⁹ etwas schwerer als die Einheitsloks der Baureihe 99⁷³⁻⁷⁶. Die Maßskizze der Neubau-VII K im »Merkbuch für Triebfahrzeuge« stimmte nicht ganz, da die Loks nur sechs Sandfallrohre und nicht zehn, wie gezeichnet, besitzen. *Abbildung: Archiv Endisch*

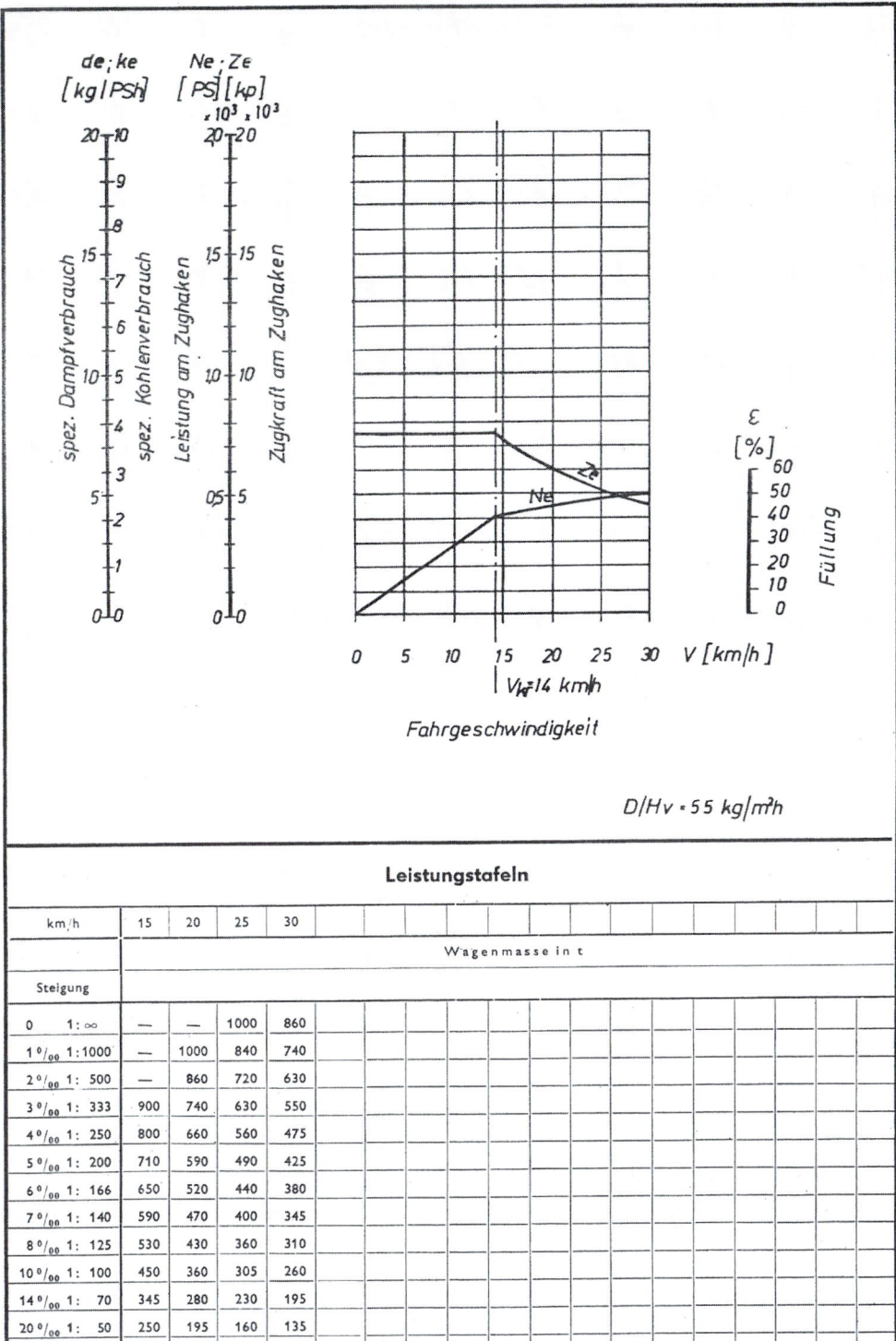

Leistungstafeln

km/h	15	20	25	30											
Steigung								Wagenmasse in t							
0 1 : ∞	—	—	1000	860											
1 ⁰/₀₀ 1 : 1000	—	1000	840	740											
2 ⁰/₀₀ 1 : 500	—	860	720	630											
3 ⁰/₀₀ 1 : 333	900	740	630	550											
4 ⁰/₀₀ 1 : 250	800	660	560	475											
5 ⁰/₀₀ 1 : 200	710	590	490	425											
6 ⁰/₀₀ 1 : 166	650	520	440	380											
7 ⁰/₀₀ 1 : 140	590	470	400	345											
8 ⁰/₀₀ 1 : 125	530	430	360	310											
10 ⁰/₀₀ 1 : 100	450	360	305	260											
14 ⁰/₀₀ 1 : 70	345	280	230	195											
20 ⁰/₀₀ 1 : 50	250	195	160	135											
25 ⁰/₀₀ 1 : 40	195	155	125	100											

■ Die von der Reichsbahn aufgestellte Schlepplastentafel sah für die Baureihe 99⁷⁷⁻⁷⁹ in der Ebene bei 25 km/h eine Zuglast von 1.000 t vor. Dieser Wert wurde in der Praxis aber nie erreicht.

Abbildung: Archiv Endisch

Im August 1987 rangierte die 99 789 im Bahnhof Oberwiesenthal. Die Zylinder- und die Schornsteinlängsachse lagen nicht in einer Ebene, deshalb mussten gebogene Ein- und Ausströmrohre eingebaut werden. Deutlich ist vor dem Führerhaus der mit einem Schutzblech abgedeckte Dampfverteiler zu sehen. *Foto: Endisch*

Im ehemaligen Raw Meiningen wurde im September 1998 der Kessel der 99 786 (ab 1992: 099 750) repariert. Die eingeschweißten Dome sind sehr gut zu erkennen. *Foto: Klaus*

18 mm starke Stehbolzen eingebaut. Die Deckenstehbolzen und Bügelanker versteifen die Decke der Feuerbüchse. Die Bügelanker der 99 787–794 ersetzte die Reichsbahn später durch Stehbolzen. Bodenanker verstärken die Rohrwand der Feuerbüchse.

Der Kessel ist vorn mit der Rauchkammer verschraubt. Hinten ist der Dampferzeuger mit dem Rahmen über Schlingerstücke verbunden, wobei sich der Stehkessel über Gleitstücke auf dem Rahmen abstützt.

Im Feuerloch saß bei der Anlieferung in den 50er-Jahren eine einfache Kipptür, die das Raw Görlitz später durch eine Feuertür der Bauart Marcotty ersetzte. Der Feuerschirm ruht in der Feuerbüchse auf zwei angeschweißten Stutzen. Zwei Schmelzpfropfen sollen das Ausglühen der Feuerbüchsdecke bei Unterschreiten des niedrigsten Wasserstandes verhindern.

Der nach vorn geneigte Rost ist 2,2 m lang und 1,17 m breit. Die größere Rostfläche der Neubau-VII K ermöglicht das Verfeuern von Braunkohle. Der dreiteilige Rost besteht aus 16 mm starken Roststäben. Das mittlere Rostfeld ist der Kipprost, den der Heizer vom Führerstand aus über eine Spindel betätigt.

Spiel eingeschweißte Stehbolzen aus Stahl die Seitenwände der Feuerbüchse. Bei den Maschinen 99 787–794 hatte der LKM Babelsberg hingegen

Der geschweißte Aschkasten verengt sich im unteren Teil, damit er zwischen den Wangen des Blechrahmens Platz findet. Vier Luftklappen sorgen für eine ausreichende Zufuhr von Verbrennungsluft. Die beiden Bodenklappen bedient der Heizer über Schwinghebel. Zwei Spritzrohre dienen zum Nässen des Aschkastens.

Die Rauchkammer ist mit der vorderen Rohrwand verschweißt. Ein Betonausguss im unteren Teil schützt die Rauchkammer vor Korrosion. Eine Tür mit sechs Vorreibern verschließt die Rauchkammer luftdicht. Der zweiteilige Funkenfänger der Bauart Holzapfel und ein Prallblech verhindern den Funkenflug.

Eine Spritzeinrichtung zum Nässen der Lösche und ein um die Mündung des 95 mm weiten Blasrohres verlegter Hilfsbläser vervollständigen die Rauchkammerausrüstung.

Der gegossene Schornstein besitzt vorn und hinten einen schmalen Kanal, durch den der Abdampf des Saugers der Vakuumbremse und der Luftpumpe ins Freie entweichen kann.

Der Überhitzer der Neubau-VII K besteht aus insgesamt 28 Elementen mit einer Überhitzerheizfläche von 28,8 m². Zunächst hatte der LKM Babelsberg die Neubau-VII K mit zwei saugenden Strahlpumpen der Bauart Strube ausgerüstet, die eine Förderleistung von 150 l/min haben. Diese tauschte die Reichsbahn später gegen die noch immer genutzten, saugenden Strahlpumpen mit einer Leistung von 125 l/min. Die Speiseleitungen verlaufen links und rechts des Kessels oberhalb der Wasserkästen zu den beiden Speiseventilen am Speisedom. Im Speisedom prallt das Wasser gegen ein Blech. Von dort aus läuft das Wasser dann über die Winkeleisen und das Rieselblech in den Kessel. Dabei fallen die Kesselsteinbildner aus, die über ein Gestra-Abschlammventil am Kesselboden abgelassen werden können.

In beiden Speiseleitungen sitzt ein Umschalthahn, mit dem der Dillinghahn mit Wasser versorgt werden kann. Über den Dillinghahn erhalten wiederum der Spritzschlauch sowie die Aschkasten- und die Rauchkammerspritze Wasser.

Auf dem Stehkessel vor dem Führerhaus liegt der Dampfentnahmestutzen, der wiederum die links und rechts daneben liegenden Reihenventile mit Nassdampf versorgt. Die beiden Reihenventile schützt ein Abdeckblech. Die Einheitspfeife ist meistens am Stehkessel vor dem Führerhaus montiert.

Zwei sichtbare Wasserstände und zwei Sicherheitsventile der Bauart Ackermann (60 mm), ein Kesseldruckmanometer und zwei Feuerlöschstutzen ergänzen die Ausrüstung des Kessels.

3.2 Der Rahmen

Der geschweißte Rahmen der Neubau-VII K besteht aus 30 mm starken Blechen. Aufgrund des über den Rahmen gezogenen Aschkastens sind die Rahmenwangen zwischen der dritten und der fünften Kuppelachse etwas kleiner ausgefallen. In diesem Bereich verstärkt ein an der Oberseite angeschweißtes Blech den Rahmen. Der Rauchkammerträger, die Querbleche, die eingeschraubten Stößelführungen sowie die hinten und vorn angeordneten Querplatten versteifen den Blechrahmen in Querrichtung. Ober- und Untergurte sollten den Blechrahmen zusätzlich verstärken.

Die Ausschnitte für die Achslager verstärkt ein dreiteiliger 20 mm breiter Bügel, der mit der Rahmenwange verschweißt und durch Knotenbleche gesichert ist. Ab der 99 787 baute der LKM Babelsberg nur noch einteilige Bügel ein, die man aber auf 25 mm verstärkt hatte. In den oberen Ecken der Verstärkungsbügel sitzen die Anschläge für die Achslagerkästen. Die geschweißten Halter für die Achsgabelstege sind ebenfalls am Rahmen angeschweißt.

3.3 Das Laufwerk

Das Laufwerk der Neubau-VII K unterscheidet sich nur unwesentlich von dem der Baureihe 99[73-76]. Wie die Einheitslok besitzt auch die 99[77-79] eine Vierpunktabstützung. Dabei liegen die Federn der Kuppelachsen (Durchmesser 800 mm) unter den Achslagern, die der Laufachsen allerdings über den Achslagern. Die vordere Laufachse ist mit der ersten und zweiten Kuppelachse durch Ausgleichhebel verbunden. Die dritte, vierte und fünfte Achse bilden gemeinsam mit der hinteren Laufachse die zweite Stützgruppe.

Die 550 mm großen Laufachsen sind als Bissel-Achsen konstruiert, die eine Seitenverschiebbarkeit von jeweils 120 mm nach links und rechts besitzen. Die zweite und vierte Kuppelachse lassen sich nach beiden Seiten um jeweils 24 mm verschieben, während die erste, dritte und fünfte Kuppelachse fest im Rahmen lagern. Für einen besseren Kurvenlaufs hatte man auf den Spurkranz der dritten Kuppelachse verzichtet.

Die Treibachse der Neubau-VII K ruht in einem Mangold-Lager. Die Gleitbacken für die Achslager sind in den Rahmenausschnitten angeschweißt. Hinten liegende Stellkeile ermöglichen das Nachstellen der Achslager.

Das Triebwerk der 99 789 (Cranzahl, August 1987): Für gleich gute Laufeigenschaften bei Vorwärts- und Rückwärtsfahrt erhielt die Neubau-VII K eine Kuhnsche Schleife. *Foto: Endisch*

3.4 Das Triebwerk und die Steuerung

Kernstück des Zweizylinder-Heißdampftriebwerks sind die beiden außenliegenden und waagerecht angeordneten Zylinder mit einem Durchmesser von 450 mm und einem Kolbenhub von 400 mm. Die Zylinder wurden nach einem Modell gegossen. Pass-Schrauben verbinden die Zylinderblöcke mit dem Rahmen.

Als Treibachse dient bei der Neubau-VII K die dritte Kuppelachse. Das hintere Kuppelstangenlager ist nachstellbar. Das vordere Treibstangenlager hat eine Buchse aus Rotguss. Die bei der Anlieferung aus Kostengründen eingebauten Lagerschalen aus Kunststoff bewährten sich nicht. Die Kuppelstangen hingegen haben nur einfache Buchsenlager, die über Nadel-Schmiergefäßen mit Öl versorgt werden.

Bei der Steuerung griff man auf die bewährte Konstruktion der außenliegenden Heusinger-Steuerung mit Kuhnscher Schleife zurück. Allerdings besitzt die Baureihe 99[77-79] keinen Schieberkreuzkopf. Der Voreilhebel hängt bei der Neubau-VII K wie bei der Baureihe 52 an einem Pendel. Bei ihrer Indienststellung besaßen die Maschinen der Baureihe 99[77-79] die Druckausgleich-Kolbenschieber Bauart Müller (Durchmesser 220 mm) und Zylinder-Entwässerungsventile.

3.5 Die Bremsausrüstung

Zeitweise war die Neubau-VII K mit bis zu vier unterschiedlichen Bremsen ausgerüstet. Bei ihrer In-

Von der Baureihe 52 stammte die Idee, auf den Schieberkreuzkopf zu verzichten und stattdessen den Voreilhebel an einem Pendel aufzuhängen (99 777 im Mai 2001). Die kleine Blechplatte auf der Schieberstange verhindert das Abspülen des Schmieröls an der Pendelaufhängung durch Wassertröpfchen, die aus der Schieberbuchse austreten. *Foto: Endisch*

dienststellung besaßen die in Sachsen eingesetzten Maschinen zunächst eine Saugluftbremse der Bauart Hardy für den Zug. Der Sauger saß rechts im Füh-

rerhaus. Der Abdampf gelangte über den vorderen Kanal im Schornstein ins Freie. Mit dem Saugluft-Führerbremsventil konnte über das Vakuum-Druckluftventil (VD-Ventil) während des Bremsens des Zuges die Zusatzbremse der Lokomotive, eine Druckluftbremse Bauart Knorr, bedient werden. Das VD-Ventil regelte die proportionale Bremswirkung der Saugluftbremse für den Zug und der Druckluftbremse für die Lok.

Die Knorr-Bremse wirkte auf alle fünf Kuppelachsen von vorn. Mit dem Zusatz-Bremsventil hatte der Lokführer aber die Möglichkeit, lediglich die Druckluftbremse für die Maschine zu betätigen.

Eine zweistufige Luftpumpe der Bauart Knorr, die rechts an der Rauchkammer hängt, versorgt die Neubau-VII K mit der benötigten Druckluft. Der Pumpenabdampf wird über ein Rohr zum Schornstein geführt, wo der Dampf dann durch den hinteren Kanal ins Freie entweicht. Außerdem besitzen alle Maschinen der Baureihe 99[77-79] eine Wurfhebelbremse.

Einige Loks hatten bei ihrer Anlieferung auch eine Haspel für die Seilzugbremse der Bauart Heberlein, die aber bis Anfang der 60er-Jahre größtenteils wieder entfernt wurde.

Am 27. Mai 1972 stand die 99 778 im Bahnhof Meinersdorf. Am Schornstein und am ersten Sandkasten besaß die Maschine noch die Rollen für die Heberlein-Seilzugbremse. *Foto: Mehnert*

Die Saugluftbremsen der Bauarten Körting und Hardy

Auf den sächsischen Schmalspurbahnen nutzte man über Jahrzehnte Saugluftbremsen. Heute sind auf den planmäßig betriebenen Strecken nur noch die Züge zwischen Radebeul Ost und Radeburg saugluftgebremst. Während die Baureihe 99⁷⁷⁻⁷⁹ mit der Saugluftbremse der Bauart Hardy ausgerüstet war, besaßen die anderen Maschinen die Körting-Bremse. Beide Bremsen funktionierten nach dem gleichen Grundprinzip: In den senkrecht eingebauten Bremszylindern wurde auf der oberen Kolbenseite ein Unterdruck erzeugt. Der atmosphärische Luftdruck wirkte nun auf den Kolben und drückte diesen je nach Größe des Unterdrucks in den Zylinder.

Bei der **selbsttätigen Saugluftbremse** teilte der Kolben den Bremszylinder in eine Ober- und eine Unterkammer. Die Unterkammer war mit der Hauptluftleitung, die Oberkammer hingegen mit dem Hilfsluftbehälter verbunden, der zur Volumenvergrößerung diente. Im Kolben saß ein Doppelventil, das aus einem Rückschlag- und einem Aufstoßventil bestand. Das Doppelventil ermöglichte beim Lösen der Bremse das Leersaugen der Oberkammer und des Hilfsluftbehälters. Herrschte in der Ober- und der Unterkammer der gleiche Druck, war die Bremse gelöst. Ließ der Lokführer nun Luft in die Hauptluftleitung einströmen, schloss sich das Rückschlagventil und der Überdruck in der Unterkammer drückte den Kolben nach oben – der Zug wurde gebremst.

Die Hardy- und die Körting-Bremse unterschieden sich in der Konstruktion der Bremszylinder und der Luftsauger voneinander. Bei der Körting-Bremse war der Bremshebel an der Kolbenstange nicht schwingend aufgehängt, sondern fest montiert. Aus diesem Grund waren Kolben und Kolbenstange mit einem Kugelzapfen verbunden. Zur Dichtung des Kolbens kam bei der Körting-Bremse eine Ledermanschette zum Einsatz, bei der Hardy-Bremse hingegen ein so genannter Rollring, der allerdings bei großen Zylinderdurchmessern leicht zum Schieflaufen neigte und damit zu Dichtungsproblemen führte.

Bei beiden Bremsen erzeugte ein Dampfstrahl im Luftsauger das Vakuum. Die Hardy-Bremse verfügte aber über einen so genannten Kombinationsejektor oder Doppel-Luftsauger, der aus zwei ineinander gesteckten Ejektoren bestand. Der größere Ejektor stellte das Vakuum in den Bremszylindern und der Leitung her, der kleinere hielt den erzeugten Unterdruck konstant. Der Bremshebel ermöglichte die Stellungen »Bremsen los«, »Fahrt«, »Wagenzug gebremst« und »Alles gebremst«. Bei einigen Saugern entfiel die Einstellung »Wagenzug gebremst«. Zwischen den Stellungen »Fahrt« und »Wagenzug gebremst« konnte der Lokführer die Bremswirkung entsprechend den Erfordernissen genau dosieren.

Der Körting-Sauger bestand hingegen aus einem kleineren und einem größeren Luftsauger, die über ein gemeinsames Ventil Dampf erhielten. Zum Regulieren der Bremswirkung diente die so genannte Luftklappe. Der Körting-Sauger verbrauchte aber deutlich mehr Dampf als der Hardy-Sauger. Deshalb ließ die Deutsche Reichsbahn die Baureihe 99⁷⁷⁻⁷⁹ mit Hardy-Aggregaten ausrüsten.

Die drei Trusebahn-Loks 99 772, 786 und 794 besaßen zunächst nur eine Druckluftbremse. Erst bei ihrer Umbeheimatung nach Sachsen rüstete das Raw Görlitz die Maschinen mit der Saugluftbremse nach.

Bei den 1983 und 1984 nach Rügen umgesetzten 99 782 und 784 entfernte das Raw Görlitz die Saugluftbremse und baute stattdessen die beim »Rasenden Roland« übliche Druckluftbremse der Bauart Knorr ein.

In der zweiten Hälfte der 80er-Jahre waren die Armaturen der Saugluftbremse weitgehend verbraucht. Besonders die Hardy-Sauger konnten die Schlosser des Raw Görlitz nur noch mit sehr viel Mühe reparieren. Für den Kauf neuer Sauger und dringend benötigter Ersatzteile fehlten der Reichsbahn die Devisen. Deshalb beschloss die HvM – mit Ausnahme der Strecken Radebeul Ost–Radeburg und Oschatz–Kemmlitz – alle sächsischen Schmalspurbahnen auf Druckluftbremsen umzubauen.

Zwischen 1990 und 1992 rüstete das Raw Görlitz die Mehrzahl der noch vorhandenen Neubau-VII K mit einer Knorr-Bremse aus.

3.6 Die Sonder-einrichtungen

Das geräumige Führerhaus verbesserte die Arbeitsbedingungen deutlich. Die Fenster und Türen gestatteten ein vollständiges Schließen des Führerstandes. Auf dem Dach befand sich zunächst ein kleiner Lüfteraufbau der später durch ein verschließbares Dachfenster ersetzt wurde.

■ Eine zweistufige Luftpumpe erzeugt bei der Neubau-VII K die Druckluft für die Druckluftbremse und das Läutewerk. Der Abdampf wird über das rechts zu sehende Rohr dem vorderen Abdampfkanal im Schornstein zugeführt. Die 99 789 hatte im August 1987 noch eine Saugluftbremse der Bauart Hardy für den Zug, wie die gerippten Luftschläuche zeigen. Zur Unterscheidung der Saugluft- von der Druckluftbremse besaß erstere gerippte Gummischläuche, während die Leitungen der Druckluftbremse aus glatten Schläuchen bestehen mussten. Außerdem befand sich in der Druckluftleitung ein Absperrhahn. *Foto: Endisch*

■ Links und rechts des Dampfdomes liegen die Sandkästen. Hinter der Lichtmaschine befindet sich der Speisedom, den man an den auf beiden Seiten einmündenden Speiseleitungen erkennen kann. Das Personal der 99 771 ergänzte am 24. Mai 2001 den Sandvorrat. Deutlich sind die drei Düsen für die Sandfallrohre zu erkennen. *Foto: Endisch*

Umbau der Baureihe 99⁷⁷⁻⁷⁹ auf Druckluftbremse

Lok	Datum des Umbaus	erstes Bw nach Umbau
99 771	25.05.1992	Bw Nossen
99 772	16.09.1991	Bw Aue
99 773	31.10.1991	Bw Aue
99 776	16.06.1992	Bw Nossen
99 777	19.06.1990	Bw Nossen
99 780	09.07.1990	Bw Nossen
99 782	02.07.1984	Bw Stralsund
99 783	23.07.1990	Bw Nossen
99 784	08.07.1983	Bw Stralsund
99 785	14.11.1991	Bw Aue
99 786	04.07.1991	Bw Nossen
99 787	03.08.1990	Bw Nossen[1]
99 789	29.03.1994	Bw Nossen
99 791	17.06.1991	Bw Stralsund
99 794	17.07.1992	Bw Aue

1) Das Betriebsbuch gibt zwei unterschiedliche Daten an. Für den 19. August 1994 ist noch einmal der Einbau einer Druckluftbremse eingetragen.

Die Kupplung der Neubau-VII K war als Mittelpufferkupplung konzipiert. Der Kupplungskopf konnte dabei entsprechend dem System der jeweiligen Einsatzstrecke leicht angepasst werden.

Weiterhin sind die Maschinen der Baureihe 99⁷⁷⁻⁷⁹ mit einem Druckluftsandstreuer ausgerüstet. Ein runder Sandkasten mit drei Düsen sitzt je-

■ Der großzügig dimensionierte Kohlenvorrat von 3,6 t lagerte hinter dem Führerhaus. Das A-Spitzenlicht der 99 789 (Cranzahl) war im August 1987 bereits am Kohlenkasten montiert. In dem kleinen Schrank zwischen den beiden unteren Signallaternen war das Werkzeug untergebracht. *Foto: Endisch*

■ Die unterschiedlichen Positionen des A-Spitzenlichts belegt diese Aufnahme von 99 784 und 99 786 am 17. August 1977 in Radeburg. Als eine der letzten Neubau-VII K besaß die 99 786 noch die Tritteinpolterungen am Kohlenkasten. *Foto: Kleine, Archiv transpress*

weils vor und hinter dem Dampfdom. Der vordere Sandkasten sandet die erste bis dritte Kuppellachse bei Vorwärtsfahrt. Bei Rückwärtsfahrt dagegen sandet der hintere Sandkasten die dritte bis fünfte Kuppelachse.

Das Druckluftläutewerk der Bauart Knorr sitzt normalerweise vor dem Schornstein. Es kann aber auch leicht versetzt angeordnet sein. In den 80er- und 90er-Jahren ersetzte das Raw Görlitz bei einigen Maschinen die großen Glocken der Knorr-Läutewerke durch deutlich kleinere (z.B. 99 785), die den Maschinen aber nicht so gut zu Gesicht standen.

Die Schmierung aller unter Dampf gehenden Teile sichert eine Hochdruck-Schmierpumpe der Bauart Grützner. Ein Gestänge, das links an der fünften Kuppelachse montiert ist, treibt die Schmierpumpe an. Eine Michalk-Pumpe versorgt die Luftpumpe mit dem notwendigen Nassdampf- und Kompressorenöl.

Das LKM Babelsberg rüstete die Baureihe 99$^{77-79}$ mit zwei Bauarten von Geschwindigkeitsmessern aus. Zunächst besaßen die Neubau-VII K Geschwindigkeitsmesser der Bauart Thalheim. Die

Das geräumige Führerhaus der Baureihe 99$^{77-79}$ kann vollständig geschlossen werden und bietet so dem Personal Schutz vor den Witterungsunbilden. Bei der 099 750 (ex 99 786) ist das von der fünften Kuppelachse angetriebene Gestänge für die Schmierpumpe der Bauart Grützner zu sehen. *Foto: Endisch*

Im Bahnhof Thum stand am 17. März 1973 die 99 777. Auf dem Dach der Maschine saß noch der Lüfteraufsatz. Ungewöhnlich war auch das kleine Blech unter der Rauchkammer.
Foto: Machel

99 787–794 hingegen hatten bei ihrer Indienststellung einen Geschwindigkeitsmesser vom VEB Mertik Quedlinburg. Dieser Typ ist auch heute noch im Einsatz. Die Drehbewegung für den Tacho übertrug eine flexible Welle, die mit der rechten fünften Kuppelachse verbunden war.

Eine Dampfheizung, zwei Bahnräumer und die elektrische Beleuchtung komplettieren die Ausrüstung der 99$^{77-79}$. Die ersten Neubau-VII K besaßen

Für den Einsatz auf der Insel Rügen erfuhr die 99 784 einige Änderungen: Sofort ins Auge fallen die kleine Lichtmaschine, der fehlende Fettbehälter der Spurkranzschmierung, das große Schutzblech unter der Rauchkammer, die Anordnung der Bremsschläuche und die Balancier-Kupplung. *Foto: Endisch*

zunächst nur die kleine Lichtmaschine mit 500 W Leistung bei 24 V, die quer zur Fahrtrichtung zwischen Schornstein und Speisedom saß. Mit diesem Generator konnte nur die Stromversorgung der Maschine mit Spitzensignal, Führerhaus-, Wasserstands- und Triebwerksbeleuchtung gesichert werden.

Da die Loks aber auch den Wagenzug mit Strom versorgen mussten, wurden die kleinen Generatoren durch die große Lichtmaschine mit 5 kW Leistung ersetzt. Auch diese saßen hinter dem Schornstein. Außerdem erhielten die Neubau-VII K einen zentralen Schaltkasten sowie eine Kuppeldose vorn und hinter für die Stromleitung des Zuges. Der Abdampf der Lichtmaschine entwich über ein am Schornstein verlegtes Rohr ins Freie.

Die **Vorräte** der Baureihe 99[77-79] sind mit 5,8 m³ Wasser und 3,6 t Kohle großzügig bemessen. Der Brennstoff lagert hinter dem Führerhaus in einem Kohlekasten, dessen unterer Teil als Wasserkasten ausgebildet ist. Dieser und die beiden neben dem Kessel angebrachten Wasserkästen sind durch Rohe miteinander verbunden.

3.7 Die Bauartänderungen

Die bei der Konstruktion der Baureihe 99[77-79] an den Tag gelegte Eile und die zum Teil mangelhafte Fertigungsqualität im LKM Babelsberg blieben natürlich nicht ohne Folgen. Im Laufe der Jahre verfügte die Deutsche Reichsbahn eine Vielzahl von Bauartänderungen, die bereits nach den ersten Einsätzen der Neubau-VII K begannen.

Die Bauartänderungen am Kessel

Zu den allerersten Änderungen gehörte der **Anbau eines Pralltopfes** am Gestra-Abschlammventil. Diese Bauartänderung erließ die Hauptverwaltung der Ausbesserungswerke (HvRaw) bereits am 26. Juni 1953 (A1/Fulk 153/53). Der Kessel bereitete, wie bereits erwähnt, als erstes Bauteil erhebliche Schwierigkeiten in der Unterhaltung. So verliefen die Einströmrohre in der Rauchkammer derart ungünstig, dass die Schlosser die Rauch- und Heizrohre nur mit großen Problemen aus- bzw. einbauen konnten. Nach zahlreichen Beschwerden aus der Fahrzeugunterhaltung verfügte die Reichsbahn schließlich die **Veränderung der Einströmrohre**.

Mehrere Bauartänderungen ordnete die Abteilung Technik der HvM unter dem Aktenzeichen MTK III d-1 FKldba 1394/61 am 9. März 1961 an. Dies betraf aber zumeist die 99 771–786, da für die später gelieferten 99 787 bis 794 die DR die Zeich-

nungssätze noch einmal überarbeitet hatte. So erhielten die zuerst gelieferten Neubau-VII K anstelle der Kipptür **eine vereinfachte, 500 mm breite Feuertür der Bauart Marcotty**, eine **verbesserte Kesselisolierung** und einen **Dampfentnahmestutzen**. Außerdem bekamen die Maschinen ab 1961 so genannte **Aschkastenzüge**, die das Öffnen und Schließen der Bodenklappen erleichterten. Auch die **Rohre für die Strahlpumpe** wurden verlegt. Weiterhin ordnete die HvM den Austausch der 16 mm starken Stehbolzen durch **Stehbolzen mit 18 mm Durchmesser** an. Vier Jahre später ersetzte das Raw Görlitz schließlich die Bügelanker durch **durchgehende Deckenstehbolzen**.

Die beiden sichtbaren Wasserstände tauschte das Raw Görlitz ab 1968 durch zwei **Wasserstände der Bauart Cardo** aus. Grundlage für diesen Umbau bildete ein Vorschlag des Raw Görlitz vom 11. Juli 1968. Der Umbau dauerte aber Jahre, denn erst am 24. November 1979 erhielt der Kessel der 99 771 die neuen Wasserstände.

Aus Rationalisierungsgründen verfügte die HvRaw Anfang der 60er-Jahre den Austausch der alten Schmelzpfropfen mit Whitworth-Gewinde durch **Schmelzpfropfen mit einem metrischen Gewinde**. Die entsprechende Verfügung für die Baureihe 99[77-79] erging am 30. April 1962.

Bei einigen Maschinen, wie zum Beispiel bei der 99 787 am 10. August 1988, entfielen die **die oberen Waschluken**. Fragen wirft in diesem Zusammenhang die 99 793 auf: In ihrem Betriebsbuch ist am 2. Juni 1966 der **Einbau einer Stahlfeuerbüchse** dokumentiert. Dies ist rätselhaft, denn die Neubau-VII K wurde bereits mit einer Stahlfeuerbüchse geliefert. Ob es sich bei jener neu eingebauten Feuerbüchse um einen Neubau oder dergleichen handelte, geht aus dem Betriebsbuch leider nicht hervor.

Die letzte Bauartänderung betraf die Dampfpfeife. Zur Verringerung des Lärmpegels im Führerstand wurde bei den mit neuen Kesseln ausgerüsteten Maschinen die **Dampfpfeife neben den Schornstein** verlegt. Bei einigen Maschinen z.B. der 99 785 und 794, wurde diese Bauartänderung aber wieder rückgängig gemacht.

■ Die wohl skurrilste Bauartänderung erfuhr die 099 741 (ex 99 777) im Herbst 1998: Für einige Tage besaß die Maschine Windleit-bleche, wie diese Aufnahme vom 25. September 1998 im Bahnhof Freital-Hainsberg beweist. *Foto: Rech*

Die Bauartänderungen am Lauf- und Triebwerk

Neben dem Kessel sorgten auch das Lauf- und Triebwerk der Neubau-VII K für viel Arbeit. Zur Verbesserung der Leerlaufeigenschaften ordnete die HvM am 23. Juli 1960 den Austausch der Müller-Schieber durch **Druckausgleich-Kolbenschieber** der Bauart Trofimoff an. Allerdings konnten die bei den regelspurigen Reko- und Neubauloks der Deutschen Reichsbahn verwendeten Schieber nicht ohne Änderung übernommen werden. Da die Schieber der Baureihe 99$^{77-79}$ mit einem Durchmesser von 220 mm deutlich kleiner waren als die bei den Regelspurloks (300 mm), mussten die Ingenieure die

Trofimoff-Schieber leicht modifizieren. Die so genannten **Trofimoff-Schieber der Bauart Görlitz** unterschieden sich durch die Überströmnuten für den Dampf von den anderen Schieber. An der Funktionsweise und dem prinzipiellen Aufbau änderte sich aber nichts. Der Schieber bestand aus jeweils zwei Stützplatten und Schieberkörpern, die auf der Schieberstange saßen. Bei geschlossenem Regler schoben die Stützplatten die Schieberkörper in die Mitte, wo sie aufgrund ihrer Ringspannung liegen blieben. Dies ermöglichte den ausgezeichneten Druckausgleich. Beim Öffnen des Reglers schob der einströmende Dampf die Schieberkörper mit dem typischen »Klack« auf die Stützplatten und der Schieber arbeitete wieder.

Zur Verbesserung der Laufeigenschaften der Baureihe 99[77-79] in Kurven genehmigte die Abteilung Technik der HvM am 12. Oktober 1966 die **Schwächung des Spurkranzes der zweiten und dritten Kuppelachse** um 10 mm. Nur ein Jahr später beantragte das Raw Görlitz die **Verlängerung der Federstützen für die Laufachsen** auf 300 mm. Diese Bauartänderung wurde ab 25. Oktober 1967 umgesetzt. Gleichzeitig entfiel der **Splint am Vorsteckring der Gegenkurbel**.

Bei den Maschinen 99 780 und 99 789 vergrößerte man das **Achshalbspiel um 20 mm** mit einer zusätzlichen Spurkranzschwächung um 10 mm bei der zweiten und vierten Achse und hob den **Ausschlag des Lenkgestells** auf 135 mm an. Die erhoffte Verbesserung der Laufeigenschaften blieb aber aus, so dass beide Maschinen wieder der Normalausführung angepasst wurden. Auch der bei der 99 784 von der Rbd Dresden am 20. Juni 1967 verfügte Einbau **anderer Tragfedern** bewährte sich nicht. Das Bw Wilsdruff notierte dazu am 3. Juli 1967 im Betriebsbuch der 99 784: »*Auf Anordnung der Rbd Dresden M-Tu wurde die Lok versuchsweise in der ersten Ausgleichgruppe mit anderen Tragfedern ausgerüstet.*«

Bei allen Maschinen hingegen änderte das Raw Görlitz die **Rückstellvorrichtung**. Sie wurde durch eine Feder verbessert.

Alle Neubau-VII K erhielten ab 1968 **Achsen- und Stangenlanger aus Dünnguss**. Als eine der Er-

sten wurde am 11. Dezember 1968 die 99 778 mit den neuen Dünnguss-Lagern ausgerüstet.

Außerdem entfielen bei allen Loks **die verschiebbaren Öldeckel der Laufachswannen**. Das Raw Görlitz ersetzte sie durch einfache Dochtschmiergefäße. Grundlage für diesen Umbau war die Verfügung TV 4/60-5.21-15/63 der HvRaw vom 29. Januar 1963.

Auch die Zylinderblöcke wurden in Details verändert. Die **Verbesserung der Zylinderentwässerung** basierte auf einer Verfügung der Abteilung Technik der HvM vom 9. März 1961. Zehn Jahre später ersetzte das Raw Görlitz schrittweise bei allen Maschinen die Zylindersicherheitsventile durch Bruchplatten aus Grauguss.

Der Einbau von **Achslagergleitplatten aus dem Kunststoff** »Perfol« ging auf dem Neurervorschlag NV 139/72 zurück. Bis zu seiner Umsetzung vergingen aber noch gut zwei Jahre. Als eine der ersten Maschinen rüstete das Raw Görlitz am 25. September 1974 die 99 778 mit den Kunststoff-Gleitplatten aus.

Um den Verschleiß der Radreifen zu verringern, stattete das Raw Görlitz ab 1962 alle Neubau-VII K mit einer druckluftbetätigten **Spurkranzschmierung der Bauart Heyder** aus. Der Fettbehälter fand seinen Platz auf dem linken Umlaufblech vor dem Wasserkasten. Bei den nach Rügen umgesetzten 99 782 und 99 784 wurde die Spurkranzschmierung 1983 bzw. 1984 wieder entfernt. Bei der 99 785 tauschte man die Heyder-Schmierung am 4. März 1996 gegen eine **Spurkranzschmierung SB 3** aus.

Probeweise erhielt die 99 772 am 15. Februar 1989 **lasergehärtete Radreifen** auf der ersten und fünften Kuppelachse. Die Hoffnung der Reichsbahn, dadurch würde der Verschleiß an den Radreifen deutlich zurückgehen, erfüllte sich nicht. Nach nur wenigen Wochen wurde der Versuch wieder beendet.

■ **Auf Hochglanz poliert zeigte sich die 99 773 am 24. April 1999 in Cranzahl. In dem breiten Behälter rechts neben der Rauchkammer lagern Chemikalien für die Wasseraufbereitung.** *Foto: Endisch*

Sonstige Bauartänderungen

Aber auch in anderen Details wurde die Baureihe 99⁷⁷⁻⁷⁹ modifiziert. Einige Veränderungen erfuhr das Führerhaus. Bei den Maschinen 99 771–786 schloss das Führerhaus mit dem Kohlenkasten ab. Als **Umbau des Führerhauses** wurde in den Betriebsbüchern dessen Verlängerung sowie der Einbau neuer Rückfenster und größerer Dachlüfter bezeichnet. Grundlage für diese Bauartänderung war die Verfügung MTK III d-1 FKldba 1394/61 der Abteilung Technik der HvM vom 9. März 1961. Das Raw Görlitz ersetzte später den Lüfteraufsatz durch ein einfaches **Dach-Schiebefenster**. Weiterhin stattete die Reichsbahn alle Loks der Baureihe 99⁷⁷⁻⁷⁹ mit **Windschutzscheiben** aus. Bei der Anlieferung fehlten diese Scheiben, da die Reichsbahn glaubte, aufgrund der geringen Höchstgeschwindigkeit der Schmalspur-Maschinen darauf verzichten zu können.

Ein besonderes Führerhaus erhielt am 9. August 1971 die 99 775. Das Raw Görlitz rüstete die Neubau-VII K laut Betriebsbuch mit einem **Versuchsdach** aus Holzfaserplatten aus. Der Umbau hatte nicht den gewünschten Erfolg, so dass die 99 775 bald wieder ein herkömmliches Führerhaus bekam.

Auch die Vorratsbehälter veränderten sich im Laufe der Zeit. So entfiel recht früh **der Schwimmer im hinteren Wasserkasten**. Dieser Umbau ist beispielsweise bei der 99 774 für den 13. September 1961 belegt. Weiterhin entfielen ab 1973 im Vorratsbehälter hinter dem Führerhaus die drei Tritteinpolsterungen.

Weiterhin wurden einige **Rohrleitungen unter dem Wasserkasten verlegt**. Dieser Umbau ging auf die Verfügung MTK III d-1 FKldba 1394/61 vom 9. März 1961 zurück. Einige Maschine besaßen bei ihrer Indienststellung kein **Pyrometer** für die Messung der Heißdampftemperatur. Das Raw Görlitz rüstete die Loks damit später nach. Die 99 793 erhielt beispielsweise am 2. Juni 1966 ein Pyrometer.

Auch die elektrische Ausrüstung der 99⁷⁷⁻⁷⁹ erfuhr kleinere Veränderungen. Wie bereits erwähnt, wurden die zunächst eingebauten 500 W starken Lichtmaschinen durch 5-kW-Generatoren, die auch den Zug mit Strom versorgten, ersetzt. Einige Maschinen erhielten anstelle der aufsteckbaren Laternen **fest eingebaute Spitzenlichter**. Mangels Loklaternen wurden zuerst die Spitzenlichter an den Tendern fest montiert. Später folgten teilweise die vorderen Signallaternen (z.B. 99 782, 784) und sogar die A-Spitzenlichter (z.B. 99 789), die angeschweißt wurden. Die 99 773 rüstete das Raw Görlitz am 8. Februar 1993 mit dem **Hauptlichtschaltkasten der Bauart Nossen** aus.

Einige Maschinen wurden im Rahmen von Bauartänderungen auch den technischen Besonderheiten ihrer Einsatzstrecken angepasst. Ein Kuriosum stellte dabei der **Wiedereinbau der Heberleinbremse** bei der 99 784 am 8. Februar 1967 dar. Da die Lok Güterzüge zwischen Freital-Potschappel und Wilsdruff bespannen sollte, aber im Wilsdruffer Netz noch viele Güterwagen ausschließlich mit einer Seilzugbremse ausgerüstet waren, baute das Raw Görlitz wieder eine Bremshaspel ein.

Speziell für den Einsatz auf der Trusebahn Wernshausen–Trusetal hatten die 99 772, 786 und 794 eine **Dampfheizung mit Dampfabsperrhähnen**, eine **Einkammer-Druckluftbremse der Bauart Knorr** mit G-P-Wechsel und eine **Balancier-Kupplung** erhalten. Als die Maschinen nach der Einstellung der Trusebahn nach Sachsen kamen, ordnete die Rbd Dresden am 16. Februar 1969 für alle drei Maschinen den Einbau einer **saugluftgesteuerten Druckluftbremse** und damit einhergehend den Einbau einer Körting-Saugluftbremse, die Angleichung **der Dampfheizung an die Bauart Pintsch** und den Einbau einer **Scharfenbergkupplung** an.

Die nach Rügen umgesetzten 99 783 und 784 rüstete das Raw Görlitz ebenfalls um. Bei beiden Maschinen wurden die Saugluftbremse und die große Lichtmaschine entfernt. Der Umbau auf die Balancier-Kupplung ist in den Betriebsbüchern als »**Pufferstangen vorn und hinten geändert**« verzeichnet. Außerdem erhielten beide Maschinen ein Schutzblech vor der Rauchkammer.

Nur kurze Zeit stand die 99 777 mit **Windleitblechen** im Einsatz. Nach einer Ausbesserung im Dampflokwerk Meiningen erhielt die Lok am

■ **Als einzige Maschine ihrer Baureihe erhielt die 99 787 eine Ölhauptfeuerung. Am 3. April 1999 wartete die Lok in Bertsdorf auf die Weiterfahrt nach Oybin.** *Foto: Endisch*

25. September 1998 in Freital-Hainsberg kleine Windleitbleche, die aber nach nur wenigen Tagen wieder entfernt wurden.

3.8 Die ölgefeuerte 99 787

Eine Sonderrolle bei der Baureihe 99⁷⁷⁻⁷⁹ nahm die 99 787 ein. Nachdem man zwischen 1992 und 1993 einige Einheitsloks der Baureihe 99⁷³⁻⁷⁶ auf eine Leichtöl-Feuerung umgebaut hatte, regte die Zentralstelle Maschinentechnik (ZM) Dessau[1] an, auch eine Neubau-VII K mit dieser Feuerungsart auszurüsten. Seitens der ZM hoffte man mit der ölgefeuerte 99⁷⁷⁻⁷⁹ aufgrund ihres größeren Feuerraumes eine deutlich bessere Verbrennung des

1 Die ZM war am 1. Januar 1979 aus der VES-M hervorgegangen.

Heizöls und damit einen höheren Wirkungsgrad als bei den Einheitsloks zu erzielen.

Die Idee, Schmalspurdampfloks auf Ölhauptfeuerung umzustellen, war nicht neu. Bereits 1976 hatte die 99 244 des Bw Wernigerode im Raw Görlitz eine Ölhauptfeuerung erhalten. Diese orientierte sich an der bewährten Schweröl-Feuerung, mit der bei der Reichsbahn unter anderem die Dampfloks der Baureihen 01⁵, 03¹⁰, 44, 50⁵⁰ und 95 ausgerüstet waren. Diese Feuerung bewährte sich auch bei der im Harz eingesetzten Baureihe 99²³⁻²⁴, so dass alle 17 Maschinen bis 1980 darauf umgestellt wurden. Allerdings setzte die Energiekrise zwischen 1979 und 1981 der Ölhauptfeuerung ein Ende und das Raw Görlitz musste alle Harzbahn-Loks von 1982 bis 1984 wieder auf Kohlefeuerung zurückbauen. Als die HvM im Sommer 1986 an einem langfristigen Konzept für die Entwicklung des Fahrzeugparks bei den Schmalspurbahnen arbeitete, stand auch wieder der Umbau der 1'E 1'-Maschinen der Baureihen 99[23-24], 99[73-76] und 99[77-79] zur Debatte. Da aber kein Heizöl verfügbar war, verschwanden die Pläne wieder in der Schublade.

Mit der Währungsunion im Sommer 1990 änderte sich die Lage schlagartig: Jetzt stand Heizöl in ausreichender Menge zu günstigen Preisen zur Verfügung. Die Pläne für den Umbau wurden wieder aufgegriffen. Allerdings sollte nun Heizöl extra leicht (EL), das in seiner Zusammensetzung Dieselkraftstoff entspricht und unter anderem zur Beheizung von Wohnungen verwendet wird, für die Lokfeuerung genutzt werden. Noch im Herbst 1990 experimentierten Techniker im Raw Meiningen mit einer ersten Versuchsfeuerung. Zunächst wollte die DR die im Harz eingesetzten 1'E 1'-Maschinen umbauen. Da aber bereits 1991 die ersten Verhandlungen für eine Privatisierung der Harzer Schmalspurbahnen liefen, gab die Reichsbahn dieses Vorhaben wieder auf. Stattdessen beschloss die Hauptverwaltung im Frühjahr 1991, die in Zittau beheimateten Loks der Baureihe 99[73-76] mit einer Leichtöl-Feuerung auszurüsten. Dafür gab es im Wesentlichen zwei Gründe: Da die Zittauer Bimmelbahn nun erhalten blieb, musste die Reichsbahn die dortigen Fahrzeuge umgehend gründlich in Stand setzen. Außerdem hatten sich die Anwohner über die Qualmbelästigung durch die Dampfloks beschwert. Mit einer Ölfeuerung glaubte man, dieses Problem zu lösen. Das Raw Görlitz und die ZM Dessau entwickelten deshalb eine Leichtöl-Feuerung für die Baureihe 99[73-76], die aber aufgrund strengerer Sicherheits- und Arbeitsschutzvorschriften deutlich komplizierter ausfiel als die alte Schweröl-Feuerung. Bereits Ende 1991 wurde das Baumuster 99 760 im Raw Görlitz zum ersten Mal mittels der neuen Technik angeheizt. Am 23. Januar 1992 stellte die Reichsbahn die 99 760 schließlich in Dienst.

Zu Vergleichszwecken und im Hinblick auf einen eventuellen Umbau der in Radebeul Ost, Oberwiesenthal und Freital-Hainsberg stationierten Neubau-VII K rüstete das Raw Görlitz ab 4. September 1992 die 99 787 im Zuge einer L 6 ebenfalls mit der Leichtöl-Feuerung aus. Zeitgleich erhielt die Maschine einen neuen Rahmen (Raw Meiningen

Nr. 14) und einen neuen Kessel (Raw Meiningen Nr. 1.478). Der Umbau war bereits am 14. Dezember 1992 abgeschlossen. Da sich aber bei den anschließenden Probefahrten im Werk einige Mängel zeigten, blieb die Lok noch bis zum 21. Februar 1993 in Görlitz.

Die Ölfeuerung entsprach jener der Baureihe 99[73-76]. Lediglich der Ölvorrat konnte aufgrund des deutlich größeren Volumens des Kohlenkastens auf 2.900 l (Einheitslok: 1.900 l) erhöht werden.

Das Heizöl EL floss drucklos vom Tank zum Schlitzbrenner, der unter dem Fußboden auf der Rückseite des Stehkessels montiert war. Der Schlitzbrenner war eine Neuentwicklung und besaß im Gegensatz zu den alten Schweröl-Brennern eine Zerstäuberplatte. Mit einem herkömmlichen Kugelventil regulierte der Heizer die Ölmenge. Nassdampf zerstäubte dann das Heizöl im Brennraum, der aus der mit Siliziumkarbid-Steinen ausgemauerten Feuerbüchse und dem so genannten Luftzuführungskasten bestand. Der Luftzuführungskasten mit seinen Luftklappen ersetzte den Aschkasten. Der Heizer zündete das Heizöl entweder mit einer brennenden Lunte oder mit einem propangasbetriebenen piezoelektrischen Zünder.

Die neuen Sicherheitsvorschriften verlangten den Einbau einer Flammenüberwachung. Hier griff das ZM Dessau auf das System »Relog« zurück, das bei den Heizkesseln der Dieselloks der Baureihen 110, 112, 114 und 118 verwendet wurde. Riss die Flamme ab, unterbrachen zwei Magnetventile automatisch die Ölzufuhr. Mit einem Notschalter konnte der Heizer die Magnetventile überbrücken. Für den Betrieb dieser Flammenüberwachung rüstete das Raw Görlitz die 99 787 mit einer kleinen Lichtmaschine mit 500 W bei 24 V aus, die links neben dem Schornstein saß.

Der Ölbehälter befand sich im Kohlekasten und wurde mit Kanthölzern in seiner Lage fixiert. Auf der Oberseite des Tanks saß der Einfüllstutzen, über den das Personal mit einer herkömmlichen Zapfpistole Heizöl EL oder Dieselkraftstoff bunkerte.

Außerdem kürzte das Raw Görlitz beim Umbau die Überhitzerelemente um 800 mm und verbesserte die Isolierung des Kessels.

Die kleine Lichtmaschine neben dem Schornstein lieferte den Strom für die Flammenüberwachung vom Typ »Relog«. *Foto: Endisch*

Aufgrund des größeren Kohlenkastens fiel der Ölvorrat der 99 787 mit 2.900 l genau 1.000 l größer aus, als bei den ölgefeuerten Einheitsloks der Baureihe 99$^{73-76}$. *Foto: Endisch*

Vom 17. bis zum 19. Mai 1994 wurde die 99 787 auf der Zittauer Bimmelbahn messtechnisch untersucht. Die Ergebnisse deckten sich im Wesent-

lichen mit denen der 99 760. Die Ölfeuerung verbesserte den Kesselwirkungsgrad der Neubau-VII K. Die Zusammensetzung der Abgase und der Ölverbrauch überzeugten hingegen nicht. Den betriebstechnologischen Vorteilen der Ölfeuerung, wie Entfall der körperlichen Arbeit für den Heizer, kürzere Vorbereitungs- und Abrüstzeiten, standen erhebliche Probleme gegenüber. So beklagten sich schon nach wenigen Wochen die Anwohner und Personale über den ständigen Dieselgestank, den die Feuerung verursachte. Außerdem nahm die Lärmbelästigung auf dem Führerstand derart zu, dass die Personale einen Gehörschutz tragen mussten. Zudem stiegen durch die schadanfälligen Magnetventile die Instandhaltungskosten deutlich an. Ein weiteres Argument gegen den Umbau weiterer Neubau-VII K war der Kostenfaktor: Da oft kein Heizöl EL in Zittau verfügbar war, musste Dieselkraftstoff verfeuert werden, wodurch die Brennstoffkosten deutlich zunahmen.

Aus all diesen Gründen sah die Bahn schließlich vom Umbau weiterer Maschinen der Baureihen 99$^{73-76}$ und 99$^{77-79}$ auf Ölfeuerung ab. Die 99 787 rückte am 3. September 1994 in das Raw Görlitz zu einer L 5 ein, bei der sie mit Anschlüssen für ein elektrisches Vorheizgerät ausgerüstet wurde.

Die Sächsisch-Oberlausitzer Eisenbahn-Gesellschaft (SOEG) übernahm mit der Strecke Zittau–Oybin/Jonsdorf 1996 auch die 99 787. Aufgrund der nicht unerheblichen Nachteile ließ die SOEG ihre ölgefeuerten Maschinen der Baureihe 99$^{73-76}$ nach und nach im Rahmen planmäßiger Instandsetzungen wieder auf Kohlefeuerung umbauen. Mit Beginn des Winterfahrplanes 1997/98 setzte die SOEG planmäßig nur noch Kohlemaschinen ein. Die 99 787 kam lediglich bei Leistungsspitzen oder Lokmangel zum Einsatz. Als letzte ölgefeuerte Schmalspur-Dampflok wurde sie im Februar 2001 abgestellt.

4. Die Einsätze der Baureihe 99⁷⁷⁻⁷⁹

4.1 Die Entwicklung des Bestandes

Die erste Dampflok der Baureihe 99⁷⁷⁻⁷⁹ übernahm die Deutsche Reichsbahn im Sommer 1952. Im August 1952 traf die 99 771 in Freital-Hainsberg ein, wo sie am 19. August 1952 ihre Probefahrt nach Kurort Kipsdorf absolvierte. Bereits einen Tag später stellte die Reichsbahndirektion (Rbd) Dresden die »Urkunde über die Indienststellung« aus. Die Maschine verblieb noch knapp zwei Monate in der Est Freital-Hainsberg des Bw Wilsdruff, bevor die Rbd Dresden die 99 771 zum Lokbf Oberwiesenthal des Bw Annaberg-Buchholz verfügte. Dort traf am 15. November 1952 auch die 99 772 ein, die zuvor auf der Leipziger Herbstmesse vorgestellt worden war. Ein Jahr später zeigte der LKM Babelsberg wieder eine Maschine der Baureihe 99⁷⁷⁻⁷⁹ in Leipzig. Diesmal präsentierte der Betrieb die 99 781.

Fast alle zwischen 1952 und 1953 gebauten Maschinen nahm die Rbd Dresden auf der Weißeritztalbahn von Freital-Hainsberg nach Kurort Kipsdorf ab, bevor sie zu ihren eigentlichen Heimatdienststellen gelangten. Zeitweilig gehörten die Loks sogar zum Bestand des Bw Wilsdruff, obwohl sie dort gar nicht eingesetzt wurden. Eine Ausnahme bildete die 99 786, die ihre Probefahrt zwischen Wernshausen und Trusetal absolvierte, wo sie anschließend auch beheimatet war.

Die Deutsche Reichsbahn konzentrierte die Baureihe 99⁷⁷⁻⁷⁹, die von den sächsischen Personalen in Anlehnung an das Gattungssystem aus der Länderbahnzeit als »Neubau-VII K« bezeichnet wurde, in Oberwiesenthal und Thum. Lediglich die 99 786 war zunächst als einzige Maschine des ersten Bauloses außerhalb Sachsens, im Lokbf Trusetal des Bw Meiningen, stationiert.

■ **Auf der Leipziger Herbstmesse 1953 stellte der LKM Babelsberg die 99 781 aus. Anschließend kam die Maschine zum Bw Thum.** *Foto: Töpelmann, Archiv transpress*

Im Sommer 1976 stand die 99 774 letztmalig unter Dampf. Sie bespannte den Abbauzug zwischen Thum und Meinersdorf. Bei strömendem Regen legte die Maschine am 28. Mai 1976 bei Jahnsbach einen Betriebshalt ein. *Foto: Machel*

Verteilung der Baureihe 99⁷⁷⁻⁷⁹ am 30. Juni 1955

Bw Annaberg-Buchholz, Lokbf Oberwiesenthal
99 771, 772, 773, 774, 775
Bw Meiningen
99 786
Bw Thum
99 776, 777, 778, 779, 780, 781, 782, 783, 784, 785

Auch die 1956 gebauten acht Maschinen kamen zum größten Teil zur Rbd Dresden. Von diesem Baulos verfügte die Abteilung der Maschinenwirtschaft drei Lokomotiven (99 791, 792 und 793) zur Probefahrt nach Freital-Hainsberg. Die 99 788, 789 und 790 hingegen nahm die Rbd Dresden auf der Fichtelbergbahn Cranzahl–Oberwiesenthal ab. Als einzige Neubau-VII K hatte die 99 787 ihren ersten Einsatz im Thumer Netz. Das letzte Exemplar dieser Baureihe, die 99 794, stellte die Rbd Erfurt auf der Trusebahn in Dienst.

An den Einsatzgebieten der Baureihe 99⁷⁷⁻⁷⁹ änderte dies aber nichts. Auch im Sommer 1960 blieben der Lokbf Oberwiesenthal und das Bw Thum die Hochburgen der Neubauloks. Lediglich das Bw Meiningen hielt für die Strecke Wernshausen–Trusetal drei Maschinen vor.

Verteilung der Baureihe 99⁷⁷⁻⁷⁹ am 30. Juni 1960

Bw Annaberg-Buchholz, Lokbf Oberwiesenthal
99 771, 773, 774, 775, 784, 788, 789, 790
Bw Meiningen
99 772, 786, 794
Bw Thum
99 776, 777, 778, 779, 780, 781, 782, 783, 785, 787, 791, 792, 793

Zu ersten Verschiebungen im Bestand der Baureihe 99⁷⁷⁻⁷⁹ kam es Anfang der 60er-Jahre. Das Ende des Wismut-Bergbaus im Bereich von Bärenstein und Niederschlag führte zu einem deutlichen Rückgang der Beförderungsleistungen auf der Strecke Cranzahl–Oberwiesenthal, woraufhin dort ein leichter Loküberhang entstand. Die am Fichtelberg nicht mehr benötigten Maschinen verfügte die Rbd Dresden zum Bw Wilsdruff, das mit den Neubauloks den Bestand der Baureihe 99⁷³⁻⁷⁶ in der Est Freital-Hainsberg verstärkte. Im Sommer 1965 zählte dann auch Wilsdruff zu den Heimatdienststellen der 99⁷⁷⁻⁷⁹.

Verteilung der Baureihe 99⁷⁷⁻⁷⁹ am 30. Juni 1965

Bw Annaberg-Buchholz, Lokbf Oberwiesenthal
99 774, 775, 781, 788, 789, 790
Bw Meiningen
99 772, 786, 794
Bw Thum
99 771, 773, 776, 777, 778, 779, 780, 782, 785, 787, 791, 792, 793
Bw Wilsdruff
99 783, 784

In der zweiten Hälfte der 60er-Jahre kam es zu größeren Verschiebungen im Bestand der Neubau-VII K. Zunächst wandelte die Rbd Dresden die Bahnbetriebswerke Annaberg-Buchholz und Thum zum 1. Januar 1967 in Einsatzstellen des Bw Aue um, womit die Maschinen nun buchmäßig diesem Bw unterstanden. An den Einsatzgebieten änderte dies aber nichts. Die Stilllegung der Strecken Schönfeld-Wiesa–Thum und Wernshausen–Trusetal setzte schließlich ab 1967 mehrere Maschinen der Baureihe 99⁷⁷⁻⁷⁹ frei. Das Bw Meiningen gab 1969 seine letzte Maschine ab. Die Rbd Dresden baute nun den Bestand der 99⁷⁷⁻⁷⁹ im Bw Wilsdruff

Als letzte Maschine des ersten Bauloses stellte die Rbd Erfurt Anfang 1955 die 99 786 in Dienst. Bis 1968 war sie im Lokbf Trusetal zu Hause. Zehn Jahre später gehörte sie zum Bestand der Est Radebeul Ost. Am 30. August 1978 rumpelte die 99 786 mit einem Personenzug durch Radebeul.

Foto: Kleine, Archiv transpress

deutlich aus. Die Loks ersetzten dabei in der Est Radebeul Ost die VI K und ergänzten in der Est Freital-Hainsberg den Bestand der Altbau-VII K. Mit den nun vorhandenen Neubau-Maschinen konnte die Rbd Dresden schrittweise die nicht mit Nachbau-Kesseln ausgerüsteten Einheitsloks abstellen. Im Sommer 1970 verteilte sich der Bestand nur noch auf zwei Bahnbetriebswerke.

Verteilung der Baureihe 99⁷⁷⁻⁷⁹ am 30. Juni 1970

Bw Aue
99 771, 773, 774, 777, 778, 779, 780, 781, 782, 785, 787, 788, 789, 790, 791, 792
Bw Wilsdruff
99 772, 775, 776, 783, 784, 786, 793, 794

Zu diesem Zeitpunkt waren die Tage des Bw Wilsdruff bereits gezählt. Mit der etappenweisen Stilllegung der Schmalspurbahnen des Wilsdruffer Netzes und der fortschreitenden Auflösung kleinerer Dienststellen war es nur noch eine Frage der Zeit, wann Wilsdruff seine Eigenständigkeit verlieren würde. Ab 31. Mai 1972 übernahm das Bw Nossen schrittweise den Lokbestand der Einsatzstellen Freital-Hainsberg und Radebeul Ost. Das Personal

beider Einsatzstellen gehörte ab 1. Oktober 1972 zu Nossen.

Mit der Einstellung des Zugverkehrs zwischen Wilischthal und Thum im September 1972 sank der Bedarf an Maschinen der Baureihe 99⁷⁷⁻⁷⁹ im Bw Aue weiter. Dies und der schlechte Allgemeinzustand der 99 792 waren letztlich dafür entscheidend, dass die Rbd Dresden diese Maschine nicht mehr aufarbeiten ließ und sie am 8. Dezember 1972 als erste Neubau-VII K in den Schadpark verfügte. Schließlich verkaufte die Reichsbahn die 99 792 am 31. Mai 1973 an den VEB Schuhfabrik »Panther« in Ehrenfriedersdorf als Heizlok. Die im Erzgebirge nicht mehr benötigten Neubau-VII K gingen ansonsten nach Nossen.

Verteilung der Baureihe 99⁷⁷⁻⁷⁹ am 30. Juni 1975

Bw Aue
99 771, 774, 775, 777, 778, 779, 780, 782, 785, 790, 791
Bw Nossen
99 772, 773, 776, 781, 783, 784, 786, 787, 788, 789, 793, 794

Bereits im Sommer 1975 hatte Nossen das Bw Aue als Hochburg der Baureihe 99⁷⁷⁻⁷⁹ abgelöst.

Jahrzehnte war die 99 787 im Erzgebirge stationiert. Nach der Schließung des Thumer Netzes setzte das Bw Aue die Maschine nach Oberwiesenthal um. Im August 1987 verließ die 99 787 den Bahnhof Hammerunterwiesenthal. *Foto: Endisch*

■ **Die letzte Neubau-VII K, die 99 794, überquerte am 8. Juni 1980 mit einem Personenzug nach Freital-Hainsberg einen Seitenarm der Talsperre Malter.** *Foto: Kleine, Archiv transpress*

Aus gutem Grund: Mit der Gesamtstilllegung der Strecke Meinersdorf–Thum schrumpfte der Bedarf an Neubau-VII K im Bw Aue auf ein Minimum. Nur noch die Est Oberwiesenthal setzte die 99⁷⁷⁻⁷⁹ im Zugdienst ein. In Schönfeld-Wiesa bespannte eine weitere Maschine Übergaben auf dem 1,4 km langen Anschlussgleis zur Papierfabrik Schönfeld.

Zwischen Radebeul Ost und Radeburg oblag der Personen- und Güterverkehr bereits seit 1969 der Baureihe 99⁷⁷⁻⁷⁹. Im Weißeritztal hingegen teilte sich die Neubau-VII K die Leistungen mit den Einheitsloks.

Zum Jahresende 1977 verkleinerte sich der Bestand der Baureihe 99⁷⁷⁻⁷⁹ weiter: Die zuletzt zum Rückbau der Strecke Thum–Meinersdorf eingesetzte 99 774 wurde aufgrund ihres verschlissenen Rahmens am 7. Dezember 1977 z-gestellt, nachdem das Bw Aue die Lok am 6. Dezember 1977 abgestellt hatte. Anschließend stand die Maschine längerer Zeit im Raw Görlitz, bevor sie die Reichs-

Verteilung der Baureihe 99⁷⁷⁻⁷⁹ am 30. Juni 1980

Bw Aue
99 771, 775, 777, 778, 779, 780, 782, 785, 790, 791
Bw Nossen
99 772, 773, 776, 781, 783, 784, 786, 787, 788, 789, 793, 794

bahn am 20. Dezember 1979 ausmusterte. Im dazugehörigen Ausmusterungsprotokoll heißt es: »*Rahmen in beiden Ebenen stark verzogen. Anrisse über den Achslagerausschnitten und in der Rahmenverbindung zwischen den Zylindern. Zylinder rechts im Anlageflansch gerissen.*« Fortan besaß die DR nur noch 22 Neubau-VII K. Die Mehrzahl von ihnen gehörte zum Bw Nossen.

Anfang der 80er-Jahre nahm die Bedeutung der sächsischen Schmalspurbahnen wieder zu. Nicht ohne Grund, denn nach der Energiekrise von 1980 hieß das oberste Motto in der Verkehrspolitik der DDR »Von der Straße auf die Schiene«. So nahm der Güterverkehr auf den Strecken Radebeul Ost–Radeburg, Freital-Hainsberg–Kurort Kipsdorf und Cranzahl–Oberwiesenthal deutlich zu. Verstärkt kam nun die Neubau-VII K wieder zum Einsatz. Daneben plante die Hauptverwaltung Betrieb und Verkehr die Wiederaufnahme des Güterverkehrs zwischen Putbus und Göhren auf der Insel Rügen. Dafür fehlten aber dort geeignete Lokomotiven, zumal die hier eingesetzten ehemaligen Privatbahn-Maschinen nur noch mit einem stetig steigenden Aufwand instand gehalten werden konnten. Zur Verjüngung des Fahrzeugbestandes der Est Putbus des Bw Stralsund verfügte die HvM zwei Neubau-VII K an die Ostsee. Da die Maschinen allerdings mit einer Druckluftbremse sowie einer anderen Zug- und Stoßeinrichtung ausgerüstet werden mussten, war ein freizügiger Austausch mit dem Bestand der Rbd Dresden nicht möglich. Im Sommer 1985 beheimateten schließlich drei Dienststellen die 99⁷⁷⁻⁷⁹.

Verteilung der Baureihe 99⁷⁷⁻⁷⁹ am 30. Juni 1985

Bw Aue
99 771, 773, 775, 777, 778, 780, 785, 790
Bw Nossen
99 772, 776, 779, 781, 783, 786, 787, 788, 789, 791, 793, 794
Bw Stralsund
99 782, 784

Ende der 80er-Jahre nahmen die Schwierigkeiten bei der Instandhaltung der Baureihe 99⁷⁷⁻⁷⁹ zu. Die zum Teil sehr stark verschlissenen Blechrahmen verursachten enorme Kosten, so dass die DR ernsthaft über einen Ersatz für die Neubau-VII K nachdenken musste. Mit der für 1990 geplanten Stilllegung der Strecke Zittau–Oybin/Jonsdorf rechnete die Rbd Dresden mit einem Überhang an Maschinen der Baureihe 99⁷³⁻⁷⁶. Die Einheitsloks mit ihren schier unverwüstlichen Barrenrahmen hätten dann einige Neubau-VII K ablösen können. Langfristig plante die HvM ohnehin den Einsatz von Dieselloks aus rumänischer Produktion. So kündigte der zuständige Leiter der Fachabteilung Triebfahrzeugunterhaltung, Heinz Schnabel, in der Eisenbahner-Zeitung »Fahrt frei« vom 3. Dezember 1989 an, im Herbst 1990 werde die erste 675 kW star-

Zu den Maschinen, die keinen neuen Kessel und keinen neuen Rahmen erhielten, gehört die 099 750 (ex 99 786). Sie erklomm im Juli 1997 mit einem langen Reisezug gerade die Steigung zwischen Kretscham-Rothensehma und Niederschlag.
Foto: Endisch

ke Diesellok für 750 mm im Weißeritztal erprobt. Bis 1994 sollten dann, so Schnabel weiter, 25 bis 30 Maschinen in Sachsen stationiert sein. In diesem Zusammenhang wollte die HvM auch den Bestand der Schmalspurdampfloks von 83 auf 25 Maschinen reduzieren. Auf der Grundlage dieser Planungen verzichtete die Rbd Dresden auf die Aufarbeitung besonders verschlissener Loks, woraufhin die 99 775, 778 und 779 des Bw Nossen sowie die Auer 99 773 zwischen 1988 und 1989 abgestellt wurden.

Zusätzlich zwang die Saugluftbremse die Verwaltung der Maschinenwirtschaft zum Handeln: Die Sauger der Maschinen hatten die Grenze ihrer Lebensdauer erreicht. Die Schäden häuften sich. Neue Saugluft-Apparate konnten allerdings nur gegen Devisen beschafft werden. Deshalb entschloss sich die HvM, mit Ausnahme der Strecken Oschatz–Mügeln–Kemmlitz und Radebeul Ost–Radeburg, alle sächsischen Bimmelbahnen auf Druckluftbremse umzurüsten. Als erste Strecke stellte die Rbd Dresden 1990 die Weißeritztalbahn auf Druckluftbremse um.

Doch zu diesem Zeitpunkt waren die Planungen bezüglich des Fahrzeugparks auf den sächsischen Schmalspurbahnen längst überholt, denn Bürgerproteste verhinderten die für 1990 geplante Stilllegung der Zittauer Bimmelbahn. Der erwartete Fahrzeugüberhang blieb somit aus. Im Gegenteil, die Vernachlässigung der Zittauer Maschine rächte sich jetzt. Ausfälle bei der 99⁷³⁻⁷⁶ mussten nun durch die BR 99⁷⁷⁻⁷⁹ kompensiert werden. Dadurch beheimatete im Sommer 1990 auch das Bw Zittau die Neubau-VII K.

Verteilung der Baureihe 99⁷⁷⁻⁷⁹ am 30. Juni 1990

Bw Aue
99 772, 781, 785, 788
Bw Nossen
99 771, 777, 780, 783, 786, 787, 789, 790, 791, 793, 794
Bw Stralsund
99 782, 784
Bw Zittau
99 776

Jetzt geriet der Bestand der BR 99⁷⁷⁻⁷⁹ in Bewegung. Mit kurzzeitigen Umbeheimatungen überbrückte die Rbd Dresden die immer wieder auftretenden Engpässe. Dabei galt es aber zu berücksichtigen, dass ab Sommer 1992 mit Ausnahme

des Lößnitzdackels zwischen Radebeul Ost und Radeburg auf allen anderen Heimatstrecken der Neubau-VII K nur noch druckluftgebremste Züge verkehrten. Um die Situation dauerhaft zu entspannen, entschloss sich die DR, wie bereits erwähnt, zwischen 1991 und 1992 insgesamt 14 Maschinen der Baureihe 99⁷⁷⁻⁷⁹ mit neuen Kesseln und Rahmen auszurüsten.

Damit nicht genug: Als einziges Exemplar ihrer Baureihe erhielt die 99 787 im Jahr 1992 eine Feuerung für Leichtöl (siehe Abschnitt 3.8). Sie wurde gemeinsam mit den ebenfalls auf Ölfeuerung umgebauten Einheitsloks vom Bw Zittau aus eingesetzt.

Mit der Einführung eines einheitlichen Nummernschemas für die Deutsche Bundesbahn und die Deutsche Reichsbahn verloren die Maschinen mit Wirkung zum 1. Januar 1992 ihre Lokschilder nebst den dazugehörigen Nummern. Die 22 Neubau-VII K hießen fortan 099 736–bis 099 757. Diese Nummern stießen nicht nur bei den Eisenbahnfans auf wenig Gegenliebe. Auch die Personale hatten ihre Mühe mit den neuen Bezeichnungen.

Umzeichnung der Baureihe 99.77-79

Lok	EDV-Nummer ab 1. Juni 1970	EDV-Nummer ab 1. Januar 1992
99 771	99 1771-7	099 736-1
99 772	99 1772-5	099 737-9
99 773	99 1773-3	099 738-7
99 774	99 1774-1	-
99 775	99 1775-8	099 739-5
99 776	99 1776-6	099 740-3
99 777	99 1777-4	099 741-1
99 778	99 1778-2	099 742-9
99 779	99 1779-0	099 743-7
99 780	99 1780-8	099 744-5
99 781	99 1781-6	099 745-2
99 782	99 1782-4	099 746-0
99 783	99 1783-2	099 747-8
99 784	99 1784-0	099 748-6
99 785	99 1785-7	099 749-4
99 786	99 1786-5	099 750-2
99 787	99 1787-3	099 751-0
99 788	99 1788-1	099 752-8
99 789	99 1789-9	099 753-6
99 790	99 1790-7	099 754-4
99 791	99 1791-1	099 755-1
99 792	99 1792-3	-
99 793	99 1793-1	099 756-6
99 794	99 1794-7	099 757-7

Doch die 099-Nummern sollten nicht die einzigen Veränderungen bleiben. Mit den tief greifenden wirtschaftlichen Umstrukturierungen brach auch der Güterverkehr auf den Schmalspurbahnen zusammen. Bis 1994 endete er auf allen Strecken. Dadurch entstand wiederum ein Loküberhang, den auch die teilweise deutlich besseren Angebote im Reiseverkehr nicht ausglichen. Bereits 1992 begann die Reichsbahn die überzähligen Maschinen, die nicht mit neuem Rahmen und neuem Kessel ausgerüstet waren, abzustellen. Bis 1994 wurden 99 776, 780, 781, 790 und 791 in den Schadpark verfügt. Allerdings wurde keine Lok verschrottet. Die 99 781 und 791 gab die Bahn an das Verkehrsmuseum Nürnberg bzw. an die Traditionsbahn Radebeul als Ausstellungsstücke ab.

Mit der Gründung der Deutschen Bahn AG (DB AG) am 1. Januar 1994 hieß es auch Abschiednehmen von den in Jahrzehnten gewachsenen Strukturen im Betriebsmaschinendienst. Die Neubau-VII K gehörte nun zum Geschäftsbereich (GB) Traktion, der wiederum die Loks auf einzelne Betriebshöfe (Bh) verteilte. Lediglich Stralsund, dem die Est Putbus unterstand, wandelte die DB AG in einen Betriebshof um. Aue, Nossen und Zittau hingegen wurden den Betriebshöfen Zwickau, Riesa bzw. Görlitz zugeschlagen. An den Einsatzgebieten hingegen änderte dies nichts. Doch damit war die Umorganisation bei weitem noch nicht abgeschlossen, denn die Est Oberwiesenthal übernahm später der Bh Chemnitz.

Verteilung der Baureihe 99⁷⁷⁻⁷⁹ am 30. Juni 1995

Bh Chemnitz
99 772, 773, 785, 786, 794
Bh Görlitz
99 787
Bh Riesa
99 771, 775, 777, 778, 779, 783, 788, 789, 793
Bh Stralsund
99 782, 784

Bereits Anfang der 90er-Jahre nahm das Interesse der Reichsbahn und später der DB AG an den Schmalspurbahnen immer mehr ab. Der kostenund personalintensive Dampfbetrieb erschien den Managern und Controllern als ein reines Zuschussgeschäft. Gleichwohl erkannten sie die Bedeutung der Bimmelbahnen für den Fremdenverkehr in den betreffenden Regionen, so dass sie sich um eine Privatisierung der Schmalspurstrecken bemühten. Nach der Übernahme der Harzquer-, Brocken- und Selketalbahn durch die Harzer Schmalspurbahnen GmbH (HSB) am 1. Februar 1993 bemühte man sich auch um eine Ausgliederung der anderen Strecken. Damit einher ging eine Reduzierung des Bestandes der Neubau-VII K bei der DB AG. Mit der Abgabe der Strecke Putbus–Göhren an die Rügensche Kleinbahn GmbH (RüKB) und der Strecke Zittau–Oybin/Jonsdorf an die Sächsisch-Oberlausitzer Eisenbahn-Gesellschaft mbH (SOEG) strich die DB AG 1996 auch die 99 782, 99 784 sowie die ölgefeuerte 99 787 aus ihren Listen.

Zum 1. Januar 1997 wechselten die verbliebenen Maschinen den Besitzer. Mit der schrittweisen Auflösung des GB Traktion und der Aufteilung der Triebfahrzeuge auf die einzelnen Transportbereiche übernahm der GB Nahverkehr die Dampfloks. Fortan gehörten die Maschinen zu den Niederlassungen Dresden und Chemnitz.

Die Chemnitzer Neubau-VII K gingen allerdings zusammen mit der Fichtelbergbahn im Mai 1998 auf einen neuen Betreiber, der BVO Bahn GmbH, über. Die neue Gesellschaft erhielt von der DB AG die 99 772, 773, 776, 785, 786 und 794. Ebenfalls 1998 schied die 99 783 aus dem Betriebspark aus. Sie wurde an die RüKB verkauft.

Bis zum 1. Januar 1999 schrumpfte der betriebsfähige Bestand der Baureihe 99⁷⁷⁻⁷⁹ auf acht Maschinen zusammen, die allesamt zur Niederlassung Dresden der DB Regio AG gehörten. Doch auch diese Organisationsstruktur bestand nur wenige Monate. Mit Wirkung zum 1. Januar 2001 übernahm die Mitteldeutsche Bahnreinigungsgesellschaft (BRG) Leipzig die Betriebsführung auf den letzten beiden noch nicht privatisierten Strecken Freital-Hainsberg–Kurort Kipsdorf (KBS 513) und Radebeul Ost–Radeburg (KBS 509).

4.2 Die Instandhaltung

Im Vergleich zu anderen sächsischen Schmalspurlokomotiven, wie der IV K (BR 99$^{51\text{-}60}$), der VI K (BR 99$^{64\text{-}71}$) oder der BR 99$^{73\text{-}76}$, war die Neubau-VII K eine in der Instandhaltung recht aufwändige Maschine. Die Ursachen dafür waren die fertigungstechnisch und konstruktiv bedingten Probleme mit dem Kessel und dem Blechrahmen. Während das Raw Görlitz, das von der Anlieferung der Maschinen bis zur endgültigen Schließung des Werkes 1998 für die Instandhaltung der 99$^{77\text{-}79}$ zuständig war, die Schwierigkeiten mit dem Kessel in den Griff bekam, blieb der zu schwache Blechrahmen ein ständiges Ärgernis bei der Neubau-VII K. Der Einsatz der Maschinen vor schweren Zügen auf den steigungs- und krümmungsreichen Strecken verschärfte die Situation. Erst mit dem Einbau neuer Rahmen seit 1991 nahmen die Probleme spürbar ab.

Typisch für die Neubauloks waren die zahlreichen und verhältnismäßig langen Aufenthalte im Raw Görlitz. Durchschnittlich einmal pro Jahr rückte jede Neubau-VII K in die Werkhallen zur Reparatur ein. Zahlreiche Maschinen mussten auch zweimal nach Görlitz gebracht werden. Aber auch jährlich drei oder vier Raw-Aufenthalte sind dokumentiert, wie zum Beispiel bei der 99 772 (1954: 2 x L0 und 1 x L2) oder der 99 773 (1954: 3 x L0, 1 x L 2).

Auch die Dauer der Reparaturen lag deutlich über dem Durchschnitt: Rechnete die Deutsche Reichsbahn für eine Haupt- oder Zwischenuntersuchung mit rund vier Wochen, so benötigten die Schlosser aus Görlitz bei den Neubau-VII K oft bedeutend länger. Dies war aber den notwendigen Arbeiten und den mitunter fehlenden Ersatzteilen geschuldet. Extrembeispiele sind:

99 771 (L4: 19.03.1961–06.07.1961), 99 772 (L3: 05.11.1958–19.02.1959), 99 773 (L4: 11.12.1961–09.04.1962), 99 777 (L0: 24.03.

■ Für den Transport der Baureihen 99$^{73\text{-}76}$ und 99$^{77\text{-}79}$ beschaffte die Reichsbahn spezielle Transportwagen. Auf die Fahrt ins Ausbesserungswerk Meiningen wartete am 11. Mai 1998 die 99 783 im Bahnhof Freital-Hainsberg. *Foto: Endisch*

■ Seit der Schließung des Raw Görlitz betreut das Dampflokwerk Meiningen die Maschinen der Baureihe 99⁷⁷⁻⁷⁹. Im September 1998 wurden in Thüringen gerade die 099 743 (ex 99 779) und 099 738 (ex 99 773) repariert. *Foto: Klaus*

1963–22.08.1963), 99 781 (L3: 14.12.1956–28.06.1957) 99 786 (L3: 25.11.1961– 15.05. 1962).

Den Rekord hält die 99 775: Für eine L2 war die Lok laut Betriebsbuch vom 27. November 1956 bis zum 28. Juni 1958 (!) im Raw Görlitz. Zwar verbesserte sich in den 60er-Jahren der Unterhaltungszustand der Maschinen, doch die alljährlichen Reparaturen im Raw Görlitz blieben.

Aber nicht nur das Raw Görlitz besserte die Neubau-VII K aus. Auch verschiedene Bahnbetriebswerke setzten Maschinen der Baureihe 99⁷⁷⁻⁷⁹ im Rahmen von Bedarfsausbesserungen (L0) instand. Neben dem Schmalspur-Bw Thum erhielten Neubau-VII K in Aue, Annaberg-Buchholz und Nossen eine L0. Die Schlosser im Bw Karl-Marx-Stadt und im Bw Erfurt G reparierten ebenfalls einzelne Maschinen. Nach Erfurt kamen aber ausschließlich die Loks der Trusebahn. Auch die TU-Gruppe des Bw Neuruppin machte mit der 99⁷⁷⁻⁷⁹ Bekanntschaft: Dort erhielt die 99 784 vom 12. Dezember 1959 bis zum 31. Mai 1960 eine L3.

Erst in der zweiten Hälfte der 80er-Jahre bereitete die Neubau-VII K wieder zunehmend Schwierig-

keiten. Dafür gab es mehrere Gründe. So hatten beispielsweise die Rahmen und Kessel einiger Maschinen die Grenze ihrer Lebensdauer erreicht. Außerdem fehlten immer häufiger Ersatzteile, vor allem für die Saugluftbremse. Permanenter Arbeitskräftemangel im Raw Görlitz und die Auslastung des Werkes mit anderen Aufträgen verschärften die Lage zusätzlich. Die Standzeiten der Maschinen im Raw Görlitz erreichten wieder völlig indiskutable Längen. Ein Beispiel dafür war die 99 785. Die in Oberwiesenthal eingesetzte Lok wartete ab 16. Februar 1986 auf die Aufnahme in das Raw. Dort traf sie am 5. Mai 1986 zu einer L0 ein. Diese dauerte dann über ein Jahr! Erst am 1. August 1987 stand die Maschine wieder für den Zugdienst zur Verfügung. Vor diesem Hintergrund darf es nicht verwundern, dass sich trotz der vorhandenen 22 Neubau-VII K Ende der 80er-Jahre die Fahrzeugsituation bei den sächsischen Schmalspurbahnen ständig zuspitzte.

Erst mit dem Einbau neuer Rahmen und Kessel zwischen 1991 und 1992 konnte das Raw Görlitz den Unterhaltungszustand wieder spürbar verbessern. Doch zu diesem Zeitpunkt zeichnete sich bereits die Schließung des auf die Reparatur von Schmalspurlokomotiven spezialisierten Werkes ab. Die DB AG begann schließlich 1996 mit der Verlagerung der Baureihe 99⁷⁷⁻⁷⁹ in das ehemalige Raw Meiningen (heute Dampflokwerk). Zeitgleich wurden die letzten Neubau-VII K in Görlitz repariert.

Mit der Privatisierung der sächsischen Schmalspurbahnen suchten sich die neuen Betreiber auch andere Anbieter, die Dampfloks ausbesserten. So ließ die BVO Bahn GmbH im Herbst 2000 die

Noch nach frischer Farbe roch am 20. September 2000 in Freital-Hainsberg die 99 777, die gerade aus dem Dampflokwerk Meiningen gekommen war. Am nächsten Tag absolvierte die Maschine ihre Probefahrt. *Foto: Endisch*

ter der Rbd Dresden die 99 771 am nebelig-trüben 7. November 1952 dem Betriebsdienst. Eine Woche später traf mit der 99 772 die zweite Neubau-VII K in Oberwiesenthal ein. Bis zum 30. Juni 1953 erhöhte sich der Bestand auf fünf Maschinen, die die Einheitsloks im Zugdienst zwischen Cranzahl und Oberwiesenthal ablösten.

Zu dieser Zeit herrschte auf der Fichtelbergbahn Hochbetrieb, da die SDAG Wismut seit 1947 im Bereich von Niederschlag und Bärenstein in mehreren Stollen Uranerz abbaute. Der Güter- und Berufspendlerverkehr be-

99 785 bei der MaLoWa, der ehemaligen Hauptwerkstatt des Mansfeld-Kombinats, in Benndorf instand setzen.

stimmte das Betriebsgeschehen auf der Schmalspurbahn. Bis zu 1.000 Bergarbeiter nutzten täglich die Züge. Bei dem immer wieder auftretenden Lok-

4.3 Das Stammland: Die Rbd Dresden

Hochburg der Baureihe 99⁷⁷⁻⁷⁹ war von Beginn an die Rbd Dresden. Das verwundert nicht, denn die Neubau-VII K wurde ja speziell für den Einsatz auf den sächsischen Schmalspurbahnen beschafft. Als erste Dienststelle der Deutschen Reichsbahn setzte der **Lokbf Oberwiesenthal des Bw Annaberg-Buchholz** die Baureihe 99⁷⁷⁻⁷⁹ ein. Nach ihrer Indienststellung im Bw Wilsdruff traf die 99 771 am 25. Oktober 1952 im Erzgebirge ein. Allerdings durfte die Lok noch nicht im Zugdienst eingesetzt werden. Erst im Rahmen einer kleinen Feierstunde aus Anlass des 35. Jahrestages der »Großen Sozialistischen Oktoberrevolution« übergaben Vertre-

Die 99 771 traf am 25. Oktober 1952 im Lokbf Oberwiesenthal des Bw Annaberg-Buchholz ein. Am 25. August 1978 war die Maschine auf der Fichtelbergbahn im Einsatz. Vor der Rückfahrt nach Oberwiesenthal nahm sie in Cranzahl Wasser und Kohle. Besondere Beachtung verdient der Kohlenkran.

Foto: Kleine, Archiv transpress

Bis zum Sommer 1960 pendelte sich der Oberwiesenthaler Bestand auf acht Neubau-VII K ein. Mit diesen Fahrzeugpark war die Fichtelbergbahn allen Anforderungen gewachsen. Im Januar 1963 standen infolge Wasser- und Kohlemangels wegen extremen Frostes lediglich zwei Maschinen zur Verfügung.

Ebenfalls zu den langjährigen Oberwiesenthaler Stammloks gehört die 99 789, die im August 1987 den Bahnhof Neudorf mit einem Güterzug verließ. *Foto: Endisch*

Ein Rückschlag für den Fremdenverkehr im oberen Erzgebirge bedeutete die Zerstörung des Fichtelberghauses 1963 durch ein Großfeuer. Zwei Jahre später beschloss man den Neubau des beliebten Ausflugzieles. Die Baustoffe dazu wurden 1966 mit speziellen Güterzügen nach Oberwiesenthal geschafft. Für diese Transporte stockte die Rbd Dresden den Oberwiesenthaler Bestand auf, denn im Januar 1966 waren nur vier Neubau-VII K am Fichtelberg stationiert, von denen drei Maschinen im Einsatz standen. Zu diesem Zeitpunkt allerdings waren die Tage des Bw Annaberg-Buchholz gezählt. Mit der Bildung des Groß-Bw Aue zum 1. Januar 1967 verlor Annaberg-Buchholz seine Selbstständigkeit. Gemeinsam mit dem Lokbf Oberwiesenthal gehörte es nun als Einsatzstelle zum Bw Aue.

mangel, verursacht durch die zahlreichen Ausbesserungen bei der Baureihe 99[77-79], setzte der Lokbf Oberwiesenthal oft die IV K ein.

Für die notwendigen Planausbesserungen an den Maschinen kamen Schlosser aus Annaberg-Buchholz nach Oberwiesenthal. Für LO-Reparaturen verlud man die Loks auf Transportwagen und brachte sie in die Mutterdienststelle, wo sie instand gesetzt werden konnten.

Mit dem Ende des Uran-Bergbaus im Revier Niederschlag-Bärenstein 1956 normalisierte sich der Betrieb. Anstelle der Schichtarbeiterzüge verkehrten nun wieder normale Reisezüge. Der Güterverkehr konzentrierte sich nun auf das Kalkwerk und das Schotterwerk in Hammerunterwiesenthal. Sonderzüge für Urlauber und Ausflügler zum Fichtelberg mussten nun auch gefahren werden. Im Normalfall reichten drei bis vier Maschinen für die anfallenden Aufgaben. Lediglich bei einem erhöhten Fahrgastaufkommen wurde eine zusätzliche Lok benötigt, da die schweren Reisezüge mit zwei Neubau-VII K bespannt werden mussten. Absolute Höchstleistungen vollbrachten die Eisenbahner mit

Zur Rationalisierung des Betriebsdienstes auf den sächsischen Bimmelbahnen hatte die Rbd Dresden Ende der 40er- und Anfang der 50er-Jahre einige große Lokbahnhöfe zu selbstständigen Schmalspur-Bahnbetriebswerken erhoben. Neben Mügeln (1. April 1951), Wilsdruff (1. Januar 1951) und Kirchberg (1. April 1949) gründete die Rbd Dresden am 1. Februar 1949 das **Bw Thum**. Die-

Stationierungen im Bw Annaberg-Buchholz, Lokbf Oberwiesenthal

Lok	vom Bw	von	bis	zum Bw
99 771	Wilsdruff	25.10.1952	31.10.1961	Thum
99 772	neu	15.11.1952	06.05.1957	Mansfeld-Kombinat
	Mansfeld-Kombinat	19.02.1959	07.08.1959	Meiningen
99 773	Wilsdruff	02.01.1953	31.08.1960	Thum
99 774	Wilsdruff	04.02.1953	23.07.1959	Thum
	Mansfeld-Kombinat	14.06.1960	31.12.1966	Aue
99 775	Wilsdruff	16.06.1953	31.12.1966	Aue
99 778	Thum	15.04.1961	05.01.1963	Thum
99 779	Thum	24.03.1958	17.04.1958	Thum
99 780	Thum	14.11.1956	24.12.1957	Thum
	Thum	24.12.1958	31.12.1958	Zittau
99 781	Thum	16.03.1961	31.12.1966	Aue[1]
99 784	neu	26.07.1957	28.09.1957	Thum
	Mansfeld-Kombinat	01.06.1960	18.05.1961	Thum
99 788	neu	20.03.1957	31.12.1966	Aue[2]
99 789	neu	19.02.1957	31.12.1966	Aue
99 790	neu	20.02.1957	31.12.1966	Aue
99 793	Thum	29.03.1958	04.04.1958	Thum
	Thum	23.03.1959	24.04.1959	Thum

1) Laut Betriebsbuch wurde die Lok erst am 03.02.1967 umgesetzt.
2) Laut Betriebsbuch wurde die Lok erst am 10.01.1967 umgesetzt.

ihren Führerhäusern. Auf den Strecken des Thumer Netzes hatten die Maschinen viel zu tun. Vor allem vor den schweren Güterzügen mussten Personale und Loks zeigen, was sie konnten. Der Güterverkehr hatte nach dem Zweiten Weltkrieg deutlich zugenommen. Einen wesentlichen Anteil daran hatten die 1949 bzw. 1950 aufgefahrene Zinn- und Schwerspatgruben in Ehrenfriedersdorf, die ihr zu Splitt verarbeitetes Taubgestein per Bahn abtransportierten.

Im Winter stieg der Fahrzeugbedarf im Bw Thum stets an, da die Reisezüge zu dieser Jahreszeit aufgrund des Fahrgastansturms und der Schneehöhe meist mit zwei Maschinen bespannt werden mussten. Außerdem hielt der Lokleiter eine weitere Maschine für

sem unterstanden die Strecken Schönfeld-Wiesa–Geyer–Thum–Meinersdorf und Wilischthal–Thum sowie die Einsatzstellen Eppendorf (ab 1. Mai 1959) und Jöhstadt (ab 31. August 1953). Anfang der 50er-Jahre bestimmten noch die Einheitsloks der Baureihe 99⁷³⁻⁷⁶ das Geschehen auf den Strecken des Thumer Netzes. Da diese Maschinen die Lücken in den Zittauer und Hainsberger Beständen schließen sollten, verfügte die Rbd Dresden im Sommer 1953 die Neubau-VII K nach Thum, wo mit der 99 778 am 20. Juni 1953 die erste Maschine ankam. Tags darauf traf die 99 777 ein. Bis zum 31. Dezember 1953 wuchs der Bestand auf neun Loks an. Die Einheitsloks hielt das Bw Thum noch als Reserve vor, da die 99⁷⁷⁻⁷⁹ recht häufig zur Reparatur anstand. Dennoch wickelten die Neubauloks fast den gesamten Reise- und Güterverkehr auf dem Thumer Netz ab, das damit neben der Fichtelbergbahn Haupteinsatzgebiet der 99⁷⁷⁻⁷⁹ war. Mit der Zuführung weiterer Neubau-VII K im Verlauf des Jahres 1957 war die Zeit der Einheitsloks endgültig abgelaufen. Als Letzte verließ am 20. März 1957 die 99 734 das Bw Thum.

Im Sommer 1960 trugen insgesamt 13 Neubau-VII K die Anschrift des kleinen Schmalspur-Bw an

Zu den ersten Neubau-VII K im Bw Thum gehörte die 99 777. Als sie am 17. März 1973 im Bahnhof Auerbach (Erzgeb) auf die Weiterfahrt nach Thum wartete, waren die Tage des ehemaligen Thumer Schmalspurnetzes gezählt. *Foto: Machel*

Reger Betrieb herrschte am 17. März 1973 im Bahnhof Thum, wo sich die 99 777 und 786 begegneten. Die Eisenbahner tauschten erst einmal die neuesten Informationen aus. *Foto: Machel*

dass das Bw Thum im zweiten Halbjahr 1963 die 99 783 und 99 784 an das Bw Wilsdruff abgeben konnte. Dadurch sank der Thumer Bestand bis zum Sommer 1965 auf 13 Maschinen.

Ein Jahr später begann die Rbd Dresden mit Verkehrseinschränkungen auf den Schmalspurbahnen. Davon war auch die Strecke Schönfeld-Wiesa–Geyer–Thum betroffen, die nun einen be-

Einen recht verwahrlosten Eindruck machte am 17. März 1973 die 99 787 im Bahnhof Thum. Erst Mitte der 70er-Jahre erhielt die Maschine richtige Lokschilder. Bis dahin waren die Nummern am Kohlenkasten und den Führerhausseitenwänden nur angemalt. *Foto: Mehnert*

Schneepflugeinsätze vor. Kurzfristige Engpässe kompensierte das Bw Thum durch Zuführungen aus Oberwiesenthal, wo man umgekehrt im Bedarfsfall auch aushalf. Bis zum 31. Dezember 1961 stieg der Fuhrpark auf 15 Maschinen an.

Anfang der 60er-Jahre kam Bewegung in den sonst stabilen Bestand. Mit der einsetzenden Reduzierung des Verkehrs im Thumer Netz und der deutlichen Abnahme der Schadanfälligkeit standen ausreichend Maschinen zur Verfügung, so

Schlepplastentafel für die BR 99[77-79] im Thumer Schmalspurnetz

Streckenabschnitt	Höchstlast Personenzug	Höchstlast Nahgüterzug
Schönfeld-Wiesa–Tannenberg	110	250
Tannenberg–Geyer	100	150
Geyer–Ehrenfriedersdorf	150	150
Ehrenfriedersdorf–Thum	150	350
Thum–Hormersdorf	110	135
Hormersdorf–Meinersdorf (Erzgeb)	110	350
Thum–Wilischthal	100	350
Meinersdorf–Jahnsbach	110	150
Jahnsbach–Thum	110	350
Thum–Ehrenfriedersdorf	125	200
Ehrenfriedersdorf–Geyer	125	135
Geyer–Schönfeld (Zschopautal)	150	350
Schönfeld (Zschopautal)–Schönfeld-Wiesa	150	200
Wilischthal–Unterherold	175	275
Unterherold–Herold (Erzgeb)	175	200
Herold (Erzgeb)–Thum	175	175

trächtlichen Teil ihrer Kohlentransporte verlor. Dies schlug sich auch in den Abgaben der 99 778 und 99 779 an das Bw Wilsdruff im Verlauf des Jahres 1966 nieder. Anschließend blieben dem Bw Thum nur noch wenige Wochen, bevor es die Rbd Dresden am 31. Dezember 1966 auflöste und dem Bw Aue als Einsatzstelle unterstellte.

Mit der Übernahme des Bw Thum und des Lokbf

Bw Thum

Lok	vom Bw	von	bis	zum Bw
99 771	Annaberg-Buchholz	01.11.1961	31.12.1966	Aue
99 773	Annaberg-Buchholz	01.09.1960	31.12.1966	Aue[1]
99 774	Annaberg-Buchholz	24.07.1959	21.11.1959	Mansfeld-Kombinat
99 776	Wilsdruff	06.09.1953	31.12.1966	Aue[2]
99 777	neu	21.06.1953	31.12.1966	Aue
99 778	neu	20.06.1953	14.04.1961	Annaberg-Buchholz
	Annaberg-Buchholz	06.01.1963	25.10.1966	Wilsdruff
99 779	neu	05.07.1953	23.03.1958	Annaberg-Buchholz
	Annaberg-Buchholz	18.04.1958	27.06.1966	Wilsdruff
99 780	neu	15.07.1953	13.11.1956	Annaberg-Buchholz
	Annaberg-Buchholz	25.12.1957	23.12.1958	Annaberg-Buchholz
	Zittau	07.10.1959	31.12.1966	Aue
99 781	neu	08.10.1953	15.03.1961	Annaberg-Buchholz
99 782	neu	09.10.1953	31.12.1966	Aue
99 783	neu	15.12.1953	02.10.1963	Wilsdruff
99 784	neu	22.12.1953	25.07.1957	Annaberg-Buchholz
	Annaberg-Buchholz	29.09.1957	17.10.1958	Mansfeld-Kombinat
	Annaberg-Buchholz	19.05.1961	09.10.1963	Wilsdruff
	Wilsdruff	24.11.1963	08.12.1963	Wilsdruff
99 785	neu	10.11.1954	31.12.1966	Aue
99 787	neu	20.03.1957	31.12.1966	Aue
99 791	neu	19.02.1957	31.12.1966	Aue
99 792	Wilsdruff	03.03.1957	31.12.1966	Aue
99 793	neu	19.02.1957	28.03.1958	Annaberg-Buchholz
	Annaberg-Buchholz	05.04.1958	22.03.1959	Annaberg-Buchholz
	Annaberg-Buchholz	25.04.1959	31.12.1966	Aue

1) Laut Betriebsbuch wurde die Lok erst am 14.03.1967 umgesetzt.
2) Laut Betriebsbuch wurde die Lok erst am 10.01.1967 umgesetzt.

einsatz deutlich an, denn nun konnten ohne vorherige Rücksprachen mit der Rbd Dresden freizügig Maschinen zwischen Thum und Oberwiesenthal getauscht werden. Dies ging vorher nicht, da die Verwaltung der Maschinenwirtschaft in Dresden ihre Zustimmung geben musste. Die Anzahl der notwendigen Reserveloks nahm dadurch ab, so dass die 99 793 bereits am 16. Juni 1967 nach Wilsdruff abgegeben werden konnte. Am 30. Juni 1967 hielt die Est Oberwiesenthal die 99 774, 775, 777, 781, 789 und 790 vor, während Thum die 99 771,

Oberwiesenthal am 1. Januar 1967 wurde das **Bw Aue** faktisch über Nacht zur neuen Hochburg der Baureihe 99⁷⁷⁻⁷⁹. Mit Ausnahme der 99 784 waren alle Neubau-VII K irgendwann einmal im Bw Aue stationiert. Die Neustrukturierung des Betriebsmaschinendienstes änderte an den Einsatzgebieten der 99⁷⁷⁻⁷⁹ im Erzgebirge nichts. Die Fichtelbergbahn und das Thumer Netz blieben Heimat der Neubau-VII K.

Mit der Gründung des Groß-Bw Aue stieg die Effektivität im Fahrzeug-

■ Die 99 778 rangierte am 27. Mai 1972 in Meinersdorf. Nach der Stilllegung des Thumer Netzes kam die Maschine zur Fichtelbergbahn. Erst 1986 gab das Bw Aue die 99 778 nach Nossen ab.
Foto: Mehnert

■ Mit frischem Grün hatten Lokführer und Heizer am 27. Mai 1972 ihre 99 785 geschmückt. Vor dem Lokschuppen in Thum sammelte die Maschine neue Kräfte für den nächsten Einsatz.
Foto: Mehnert

■ Schneereste lagen am 17. März 1973 noch im Bahnhof Meinersdorf. Immerhin vier Personenwagen hatte die Lok für die über eine Stunde dauernde Fahrt nach Thum am Zughaken.
Foto: Machel

■ Bis zum Frühjahr 1985 rangierte noch täglich eine Neubau-VII K zwischen dem Bahnhof Schönfeld-Wiesa und der Papierfabrik Schönfeld. Am 30. Juni 1984 setzte das Bw Aue für diese Aufgaben die 99 779 ein. *Foto: Miethe*

■ Der Rangierleiter in Schönfeld-Wiesa führte am 12. November 1983 die Bremsprobe durch. Danach setzte sich die schilderlose 99 782 in Bewegung. *Foto: Miethe*

■ Mit einem stattlichen Personenzug nach Oberwiesenthal wartete die 99 779 am 16. Mai 1977 im Bahnhof Cranzahl auf Fahrgäste. *Foto: Mehnert*

773, 776, 778, 780, 782, 785, 787, 791 und 792 einsetzte.

Die Einstellung des Zugverkehrs auf der Strecke Schönfeld-Wiesa–Geyer–Thum am 14. August 1967 läutete das Ende des Thumer Netzes ein. Die 99 787 bespannte den offiziellen Abschieds-Sonderzug. Lediglich das 1,4 km lange Gleis zwischen dem Bahnhof Schönfeld-Wiesa und der Papierfabrik Schönfeld blieb in Betrieb. Hier war täglich eine Neubau-VII K mit Übergabefahrten beschäftigt.

■ Auf der Rückfahrt von der Papierfabrik Schönfeld zum Bahnhof Schönfeld-Wiesa musste sich die Neubau-VII K mächtig ins Zeug legen. Am 12. November 1983 hatte die 99 782 allerdings nur vier leere O-Wagen im Schlepp. *Foto: Miethe*

Als so genannte Schneepfluglok wurde die 99 777 in den 70er-Jahren mit einer großen Pflugschar ausgerüstet. Am 30. Mai 1976 hatte die Maschine in Oberwiesenthal nichts zu tun. *Foto: Machel*

Bestens gepflegt präsentierte sich die 99 785 im August 1987. In Cranzahl nahm die Maschine Kohle. Auffällig waren der sehr gute Pflegezustand der Lok und der Metallstreifen um den Schonrnstein. *Foto: Endisch*

Im Bahnhof Cranzahl stand im August 1987 die 99 789. Beachtung verdient das A-Spitzenlicht, das an die Rauchkammer angeschweißt wurde. *Foto: Endisch*

■ Nur ein Moped-Fahrer musste am 25. August 1978 auf die Vorbeifahrt der 99 791 in Neudorf warten. Heute sichert eine moderne Schrankenanlage die inzwischen vielbefahrene Straße. *Foto: Kleine, Archiv transpress*

■ An einem lauen Abend im August 1987 wartete in Cranzahl die 99 787 mit ihrem Güterzug auf die Abfahrt nach Hammerunterwiesenthal. *Foto: Endisch*

■ Der Pflegezustand der
99 788 ließ am 13. Oktober
1990 keine Wünsche übrig, als
sie den Bahnhof Neudorf verließ.
Foto: Kleine, Archiv transpress

■ Am 25. August 1978 war
der Bahnhof Kretscham-Rothensehma noch besetzt. Die Eisen-
bahnerin lehnte lässig am Later-
nenpfeiler und beobachtete die
Abfahrt der 99 791. Der erste
Packwagen hinter der Lok diente
als Expressgut-Wagen.
Foto: Kleine, Archiv transpress

ausschließlich die IV K eingesetzt war.

In den folgenden Mona-
ten reduzierte sich der Bestand der Baureihe 99[77-79]
nur langsam. Bis zum Som-
mer 1969 verließen ledig-
lich die 99 775 und die
99 776 das Erzgebirge. Am
1. Dezember 1969 nannte
das Bw Aue insgesamt 16
Maschinen sein eigen, wo-
von täglich 12 Loks benötigt
wurden.

Eine Kuriosum stellte
der Bahnhof Schönfeld-
Wiesa dar, wo zwei Ma-
schinen standen. Während eine Neubau-VII K täglich auf Rollwagen verladene Güterwagen zur Papierfabrik Schönfeld brachte, wurde die zweite Maschine als Reserve bereitgehalten. Die unter freiem
Himmel abgestellten Loks waren, wie die Personale, den Witterungsunbilden ausgesetzt. Damit die
Reservelok trocken stand, wurde später ein einfa-
cher Blechschuppen gebaut.

Für das alle 26 Tage notwendige Auswaschen
des Kessels reisten Schlosser aus Aue nach
Schönfeld-Wiesa, die dann unter freiem Himmel ar-

Fragen werfen die 99 777 und 788 auf: Laut
ihren Betriebsbüchern sollen die Maschinen in der
Est Kirchberg stationiert gewesen sein. Für die
99 777 ist dies vom 25. November 1967 bis zum
21. Juni 1968 belegt. Die 99 788 war gleich zweimal (16. April 1968 bis 9. Februar 1969; 1. April
1970 bis 7. Februar 1971) in Kirchberg zuhause.
Über die Verwendung der Loks geben die Betriebsbücher leider keine Auskunft. Die Stationierung in
Kirchberg ist ungewöhnlich, da auf der Strecke Wilkau-Haßlau – Saupersdorf (– Carlsfeld) zu jener Zeit

beiten mussten. Das benötigte Wasser zum Ausspritzen des Kessels lieferte die zweite Maschine. Da eine Werkstatt fehlte, dienten die Schienen öfters als Werkbank. In Schönfeld-Wiesa war Improvisation Trumpf.

In Oberwiesenthal waren die technischen Gegebenheiten der Werkstatt deutlich besser. Im dortigen Lokschuppen konnten neben den üblichen Wartungsarbeiten problemlos Heiz- und Rauchrohre gewechselt und sogar Rahmenrisse geschweißt werden. Da die Werkstatt aber unbesetzt war, mussten auch hier die Schlosser aus Aue anreisen. Lediglich die Werkstatt in der Est Thum blieb besetzt, wo die Schlosser die dort stationierten Maschinen warteten.

Doch das Ende des Thumer Netzes war beschlossene Sache: Zwar konnte die Rbd Dresden die für 1970 geplante Einstellung des Reise- und Güterverkehrs der Strecke Wilischthal–Thum nicht umsetzen, weil Omnibusse und Lastkraftwagen fehlten und die parallele Landstraße noch nicht ausgebaut war. Trotzdem vernachlässigte man die Unterhaltung der verbliebenen Bimmelbahnen des Thumer Netz immer weiter und fuhr nur noch auf Verschleiß, so dass sich die Fahrzeiten ständig verlängerten.

Im Verlauf des Jahres 1970 hielt die Est Thum acht Neubau-VII K vor, während in Oberwiesenthal, einschließlich der für Schönfeld-Wiesa bestimmten Maschinen, durchschnittlich acht Loks vorgehalten wurden. Im Sommer 1972 verlor die Est Thum abermals an Bedeutung. Am 28. Mai 1972 bespannte die 99 778 den letzten Reisezug zwischen Wilischthal und Thum, einen Tag später verfügte die Rbd Dresden die Stilllegung der Strecke.

Nun gab es im Bw Aue einen deutlichen Überhang bei der Neubau-VII K, denn für den Betrieb zwischen Thum und Meinersdorf genügten normalerweise zwei Maschinen. Gehörten am 1. Januar 1972 noch neun Maschinen der Baureihe 99⁷⁷⁻⁷⁹ zum Bestand der Est Thum, waren es ein Jahr später nur noch sechs Exemplare, während Oberwiesenthal durchschnittlich fünf Loks für einen dreitägigen Umlauf vorhielt. Mit der Streichung der an Sonn- und Feiertagen verkehrenden Güterzüge besetzte die Est Thum nur noch werktags zwei Maschinen.

Dieser deutlich geringere Bedarf ermöglichte die z-Stellung der 99 792 am 8. Dezember 1972, deren Rahmen völlig verschlissen war. Sie war die erste Neubau-VII K, die die DR nicht mehr aufarbeiten ließ. Da der Kessel der Maschine noch in Ordnung war, verkaufte die Reichsbahn die 99 792 am 31.

■ Mit einem sehenswerten Personenzug fuhr die 99 791 am 25. August 1978 in Hammerunterwiesenthal ein.

Foto: Kleine, Archiv transpress

Mai 1973 als Dampfspender an den VEB Schuhfabrik »Panther« in Ehrenfriedersdorf. Der neue Eigentümer ließ die Lok mit einem Schwertransporter am 27. September 1973 aus Thum abholen. Die Abgabe der 99 773, 781 und 789 im Jahr 1973 riss weitere Lücken in den Auer Bestand.

Trotzdem herrschte 1973 Hochbetrieb in der Est Oberwiesenthal. Mit der Sperrung der Fernverkehrsstraße (F) 95 nach Oberwiesenthal musste die Fichtelbergbahn einen Busersatzbetrieb abwickeln. Im 20-Minuten-Takt verkehrten nun zeitweise die Züge auf einzelnen Abschnitten. Diesen Busersatzbetrieb richtete die Reichsbahn auch bei Bedarf im Winter ein, wenn die F 95 wegen Schneeverwehungen nicht mehr passierbar war.

Mit der bevorstehenden Stilllegung der Strecke Meinersdorf–Thum waren auch die Tage der Est Thum gezählt. Mit Wirkung zum 1. Januar 1974 löste die Rbd Dresden die Auer Außenstelle auf und wandelte sie in ein Instandhaltungswerk um. Dieser Betrieb arbeitete im Auftrag des Raw Karl-Marx-Stadt u.a. Auspuffanlagen für Diesellokomotiven auf. Die für den Betriebsdienst benötigten Lokführer und Heizer stellte das Instandhaltungswerk Thum dem Bw Aue leihweise zur Verfügung. Da der Thumer Lokschuppen nun schrittweise in eine Werkstatt umgebaut wurde, konnten dort nur noch

die kalten Reserveloks abgestellt werden. Für das Auswaschen war klein Platz mehr, so dass nun Auer Schlosser diese Arbeiten einschließlich der notwendigen Planausbesserungen im Lokschuppen von Meinersdorf erledigten. Komplizierter ging es nicht mehr.

Der Bedeutungsverlust der Est Thum schlug sich auch in deren Bestand nieder: Im Frühjahr 1974 gab es dort nur noch die 99 774, 777, 780 und 787. In Oberwiesenthal hingegen stationierte das Bw Aue sechs Maschinen. Aufgrund zunehmender Reparaturen musste die TB-Gruppe des Bw Aue im Sommer den Thumer Bestand noch einmal auffüllen, so dass am 1. September 1974 noch die 99 771, 774, 777, 778 und 780 dort anzutreffen waren. Zu diesem Zeitpunkt hatte die letzte Strecke des Thumer Netz nur noch vier Wochen vor sich. Wie bereits gut zwei Jahre zuvor hatte die 99 778 die traurige Pflicht, die letzten Reisezüge auf dem Thumer Netz zu bespannen. Mit dem P 14356 endete am 28. September 1974 der Personenverkehr zwischen Thum und Meinersdorf.

Für den Güterverkehr blieb die 12,6 km lange Verbindung allerdings im Betrieb. Eine Maschine genügte jedoch, da der Fahrplan nur ein Zugpaar vorsah. Zwar hielt das Bw Aue dafür am 1. Januar 1975 noch 99 774, 777, 778 und 780 vor, doch ein halbes Jahr später standen lediglich die 99 774 und 778 im Wechsel unter Dampf. Die Est Oberwiesenthal hielt zu diesem Zeitpunkt sieben Loks vor, während in Schönfeld-Wiesa nach wie vor zwei Neubau-VII K stationiert waren.

Am 1. November 1975 verteilte das Bw Aue seine Maschinen der Baureihe 99[77-79] auf die Est Oberwiesenthal mit 99 771, 777, 779, 782, 785, 790 und 791, den Bahnhof Thum mit 99 774 und 778 sowie den Bahnhof Schönfeld-Wiesa mit 99 775 und 780.

Ein Sonderrolle nahm die 99 777 in der Est Oberwiesenthal ein. Für den Einsatz als Schneepfluglok hatte die Maschine eine festangebaute Pflugschar erhalten. Die beiden Spitzenlichter saßen oberhalb des Schneepfluges.

Mit der Einstellung des Güterverkehrs auf der Verbindung Thum–Meinersdorf am 31. Dezember 1975 war die Stilllegung des ehemaligen Thumer Schmalspurnetzes beendet. Allerdings verblieb die 99 774 noch in ihrer alten Heimat. Sie bespannte ab dem 31. Mai 1976 den Abbauzug zwischen Thum und Meinersdorf. Ende August 1976 hatte die 99 774 ihre Arbeit erledigt – für immer. Zwar hatte das Bw Aue die Kesselfrist der Maschine am 14. Juni 1976 noch einmal um ein Jahr verlängert, aber der geringere Bedarf an Schmalspurloks und der schlechte Zustand des Rahmens der 99 774 ließen eine Aufarbeitung im Raw Görlitz wenig sinnvoll erscheinen. So verfügte die Rbd Dresden die

Maschine am 6. Dezember 1977 in den Schadpark. Anschließend stand sie längere Zeit in Görlitz, bevor sie 1980 verschrottet wurde.

Bis zum Sommer 1980 hatte das Bw Aue seinen Ruf als Hochburg der Neubau-VII K an Nossen verloren. Die Dienststelle im Erzgebirge beheimatete nun zehn Maschinen, von den zwei in Schönfeld-Wiesa und acht in Oberwiesenthal vorgehalten wurden. Normalerweise benötigte die Est Oberwiesenthal täglich drei Maschinen. Lediglich beim Einsatz von Sonderzügen, bei einem großen Andrang von Reisenden, der den Einsatz von Verstärkungswagen erforderte, oder bei notwendigen Schneeräumeinsätzen stieg der Bedarf an. In Schönfeld-Wiesa wurde die seit Jahren konstante Verteilung – eine Einsatz- und eine Reservemaschine – beibehalten. Waren Neubau-VII K im Bw Aue rar, musste die Est Jöhstadt zeitweise eine IV K als Reservelok nach Schönfeld-Wiesa abgeben. Die aufwändige Bedienung der Papierfabrik Schönfeld war völlig unwirtschaftlich, von den Arbeitsbedingungen für die Eisenbahner einmal ganz zu schweigen. Erst Mitte der 80er-Jahre besaß die Rbd Dresden freie Kapazitäten, um die 1,4 km lange Anschlussbahn auf Regelspur umzubauen. Am 14. April 1985 holte die 99 771 die letzten Güterwagen aus der Papierfabrik Schönfeld ab.

Fortan benötigte das Bw Aue die Baureihe 99[77-79] nur noch für den Güter- und Personenverkehr auf der Strecke Cranzahl–Oberwiesenthal.

Nur noch wenige hundert Meter hatte die 99 791 am 25. August 1978 auf der Fahrt nach Oberwiesenthal vor sich.

Foto: Kleine, Archiv transpress

Am 31. Januar 1993 bereitete sich das Personal der 99 773 in Oberwiesenthal für den nächsten Einsatz vor. *Foto: Endisch*

Im Jahresfahrplan 1985/86 schickte die Est Oberwiesenthal drei Neubau-VII K in jeweils eigenen eintägigen Umläufen auf die Reise.

Mit besonderen Auflagen war der Transport der Oberwiesenthaler Maschinen zum Raw Görlitz verbunden. Da eine auf Transportwagen verladene Neubau-VII K das zulässige Lichtraumprofil überragte, durfte die Maschine nicht auf dem direkten Weg über Annaberg-Buchholz, Wolkenstein und Flöha fahren, weil es auf dieser Strecke Profileinschränkungen gab. Die Loks wurden deshalb immer über die Strecke Annaberg-Buchholz–Markersbach–Schwarzenberg nach Görlitz gebracht.

Ende der 80er-Jahre fehlten häufig betriebsfähige Maschinen in der Est Oberwiesenthal. Der Gesamtzustand einiger Loks erforderte nun wieder einen deutlich erhöhten Reparaturaufwand. Vor allem die Blechrahmen hatten oft die Grenze ihrer Lebensdauer erreicht. Außerdem fehlten vielfach Ersatzteile, insbesondere für die Saugluftbremse,

die die DR auf der Fichtelbergbahn durch die Druckluftbremse ersetzen wollte. Die z-Stellung der 99 773 verschärfte die Lage im Herbst 1989. Auch der zeitweilige Einsatz der aus Hainsberg übernommenen 99 734 oder einer IV K lösten das Problem nicht. Im Sommer 1990 war manchmal nur noch eine der vorhandenen vier Neubau-VII K einsatzfähig. In den folgenden Monaten gab es daraufhin einen regen Lok-Austausch zwischen Aue und dem Bw Nossen.

Mit der aus Stralsund übernommenen 99 791 traf die erste druckluftgebremste Neubau-VII K in Oberwiesenthal ein. Mit dem Einbau neuer Rahmen und Kessel besserte sich die Lage ab 1991 deutlich. Nach der Einstellung des Güterverkehrs auf der Fichtelbergbahn schrumpfte der planmäßige Bedarf montags bis freitags auf zwei Maschinen. Lediglich an Wochenenden und Feiertagen kamen von Oberwiesenthal aus drei Maschinen zum Einsatz.

Stationierungen im Bw Aue

Lok	vom Bw	von	bis	zum Bw
99 771	Thum	01.01.1967	14.01.1988	Nossen
	Nossen	06.07.1990	25.05.1992	Nossen
99 772	Nossen	13.12.1987	31.12.1993	Zwickau¹
99 773	Thum	01.01.1967	18.06.1973	Nossen
	Nossen	14.02.1984	02.10.1989	z-Park
	z-Park	01.11.1991	31.12.1993	Zwickau²
99 774	Annaberg-Buchholz	01.01.1967	06.12.1977	z-Park
99 775	Annaberg-Buchholz	01.01.1967	16.02.1969	Wilsdruff
	Nossen	01.08.1973	27.09.1981	Nossen
	Nossen	01.12.1981	26.08.1986	Nossen
99 776	Thum	01.01.1967	24.03.1968	Karl-Marx-Stadt
	Nossen	14.01.1991	16.06.1992	Nossen
	Nossen	23.07.1992	31.12.1993	Zwickau³
99 777	Thum	01.01.1967	19.06.1990	Nossen
99 778	Wilsdruff	08.07.1967	11.08.1986	Nossen
	z-Park	02.05.1992	31.07.1992	Nossen
99 779	Wilsdruff	27.11.1968	06.03.1985	Nossen
	Nossen	05.02.1987	29.04.1987	Nossen
99 780	Thum	01.01.1967	15.05.1986	Nossen
	Nossen	01.10.1992	15.12.1992	Nossen
	Nossen	05.03.1993	14.06.1993	Nossen
99 781	Annaberg-Buchholz	01.01.1967	14.08.1973	Nossen
	Nossen	22.07.1986	12.11.1991	Nossen
99 782	Thum	01.01.1967	02.07.1984	Stralsund
99 783	Nossen	05.02.1986	15.09.1987	Nossen
99 785	Thum	01.01.1967	19.12.1989	Zittau
	Nossen	28.03.1990	31.12.1993	Zwickau
99 786	Nossen	22.08.1991	31.12.1993	Zwickau
99 787	Thum	01.01.1967	22.12.1974	Nossen
	Nossen	05.06.1987	21.09.1988	Nossen
	Nossen	26.02.1992	21.02.1993	Zittau
99 788	Annaberg-Buchholz	01.01.1967	24.12.1974	Nossen
	Nossen	01.11.1977	21.03.1978	Nossen
	Nossen	19.08.1988	13.03.1989	Nossen
	Nossen	02.10.1989	17.09.1992	Nossen
99 789	Annaberg-Buchholz	01.01.1967	27.11.1972	Nossen
	Nossen	30.07.1987	29.03.1990	Nossen
99 790	Annaberg-Buchholz	01.01.1967	25.07.1983	Nossen
	Nossen	24.10.1983	23.12.1985	Nossen
99 791	Thum	01.01.1967	28.12.1983	Nossen
	Nossen	02.04.1986	19.04.1988	Zittau
	Zittau	09.12.1988	16.01.1990	Nossen
	Stralsund	25.09.1991	28.02.1993	Nossen
99 792	Thum	01.01.1967	07.12.1972	z-Park
99 793	Thum	01.01.1967	16.06.1967	Wilsdruff
99 794	Nossen	18.07.1992	31.12.1993	Zwickau⁴

1) Laut Betriebsbuch wurde die Lok erst am 22.03.1994 umgesetzt.
2) Laut Betriebsbuch wurde die Lok erst am 09.02.1994 umgesetzt.
3) Laut Betriebsbuch wurde die Lok erst am 04.01.1994 umgesetzt.
4) Laut Betriebsbuch wurde die Lok am 29.03.1995 direkt an den Bh Chemnitz umgesetzt.
   Die Stationierung im Bh Zwickau ist nicht verzeichnet.

Die Bahnreform markierte schließlich das Ende des Bw Aue. Am 1. Januar 1994 schloss die DB AG das ehemalige Bw Aue mit deren Est Oberwie-senthal dem neugegründeten Bh Zwickau an.

Nur kurze Zeit beheimatete das **Bw Wilsdruff** die Baureihe 99⁷⁷⁻⁷⁹. Hier und in den zu Wilsdruff gehörenden Einsatzstellen dominierte jahrzehntelang die VI K. Lediglich in der Est Freital-Hainsberg spielte die VI K nur eine untergeordnete Rolle, denn auf der Weißeritztalbahn standen fast ausschließlich die Einheitsloks der Baureihe 99⁷³⁻⁷⁶ im Einsatz. Bereits 1952/53 machten die Hainsberger Personale kurz Bekanntschaft mit der Neubau-VII K. Die auf der Strecke Freital-Hainsberg–Kurort Kipsdorf Probe gefahrenen 99 771, 773, 774, 775 und 776 waren nach ihrer Endabnahme wenige Tage dem Bw Wilsdruff zugeordnet, bevor sie in ihren endgültigen Einsatzorten Thum bzw. Oberwiesenthal eintrafen. Ein ähnliches Gastspiel gab Anfang 1957 die 99 792.

Erst 1963 wurde die Neubau-VII K in Wilsdruff heimisch. Aus Thum rollten die 99 783 und 784 an, die in der Est Freital-Hainsberg Engpässe bei den Einheitsloks überbrückten. Einige Dampferzeuger der Baureihe 99⁷³⁻⁷⁶ waren so stark verschlissen, dass das Raw Görlitz diese bis 1966 bei 14 Maschinen gegen geschweißte Ersatzkessel

Im Oktober 1963 traf die 99 783 in der Est Freital-Hainsberg des Bw Wilsdruff ein. Am 10. April 1991 war die Lok immer noch auf der Weißeritztalbahn im Einsatz. Hier nimmt sie in Dippoldiswalde Wasser. *Foto: Endisch*

austauschen musste. Bis 1966 blieben die beiden Neubau-VII K die einzigen Vertreter ihrer Baureihe im Bw Wilsdruff. Erst mit den ersten Verkehrseinschränkungen im Thumer Netz wurden dort 1966 weitere Maschinen frei, die dann nach Freital-Hainsberg kamen. Obwohl das Bw Wilsdruff am 1. Januar 1967 vier Loks der Baureihe 99$^{77\text{-}79}$ in seinen Listen führte, hatten die Babelsbergerinnen noch keine große Bedeutung für den Betrieb.

Dies änderte sich schlagartig: Als die sieben 1965/66 im Rahmen einer Generalreparatur im Raw Görlitz de facto neu gebauten VI K nach zahlreichen Entgleisungen abgestellt werden mussten, herrschte 1967 Lokmangel im Bw

Wilsdruff. Deshalb bespannten die 99 783 und 784 kurzfristig die Personen- und Güterzüge auf dem Abschnitt Freital-Potschappel–Wilsdruff. Da die Neubau-VII K aber eine höhere Achslast und Me-

Die Neubau-VII K löste 1969 die VI K auf der Strecke Radebeul Ost–Radeburg ab. Am 18. August 1977 überquerte die 99 784 die Kreuzung in Radebeul Weißes Ross.
Foto: Kleine, Archiv transpress

termasse besaßen, als auf dieser Strecke zulässig war, hatte die Rbd Dresden dem Bw Wilsdruff für den Einsatz der Maschinen eine Ausnahmegenehmigung erteilt. Als die Laufprobleme mit den landläufig als Reko-VI K bezeichneten Loks behoben waren, führte die Neubau-VII K wieder ein Schattendasein beim Bw Wilsdruff.

Doch nicht lange: Die VI K war bekannt für ihre schlechten Laufeigenschaften. Außerdem waren zahlreiche VI K am Ende ihrer Nutzungsdauer angelangt. Die Rbd Dresden wollte die VI K deshalb so schnell wie möglich aus dem Zugdienst abziehen. Diese Möglichkeit bot sich 1969, als die ehemaligen Trusebahn-Maschinen 99 772, 786 und 794 im Bw Wilsdruff eintrafen. Neues Einsatzgebiet für die 99⁷⁷⁻⁷⁹ wurde nun der Lößnitzdackel zwischen Radebeul Ost und Radeburg. Als Erste ihrer Baureihe traf am 17. Februar 1969 die 99 775 in Radebeul Ost ein. In den folgenden Monaten wurde der Fahrzeugpark durch 99 772, 783, 786 und 793 weiter aufgestockt, so dass bis zum Herbst 1969 die VI K im Lößnitztal ausgedient hatte.

In Freital-Hainsberg hingegen kam die Neubau-VII K nur fallweise zum Einsatz, auch wenn das Bw Wilsdruff im Sommer 1970 acht Babelsbergerinnen sein Eigen nannte. Mit der Stilllegung der Strecke Freital-Potschappel–Wilsdruff–Mohorn verlor auch das Schmalspur-Bw Wilsdruff seine Bedeutung. Am 1. Oktober 1972 übernahm das Bw Nossen das Personal der Einsatzstellen Freital-Hainsberg und Radebeul Ost sowie Teile der Verwaltungsarbeit des Bw Wilsdruff. Dabei gelangten bereits ab Sommer 1972 vor allem die betrieblichen Unterlagen der Radebeuler Maschinen

zum Bw Nossen, so dass sich in einigen Betriebsbüchern bereits vor der endgültigen Schließung des Bw Wilsdruff am 31. Dezember 1972 der Stempel der neuen Heimatdienststelle finden lässt.

Auch nach der Übernahme der von Radebeul Ost und Freital-Hainsberg aus eingesetzten Maschinen durch das **Bw Nossen** änderte sich an den Einsatzbereichen nichts. Auch im Werkstattbereich blieb alles beim Alten. Kleinere Reparaturen und Fristarbeiten führten Schlosser in den Einsatzstellen aus. Für größere Reparaturen und LO-Ausbesserungen wurde im Bw Nossen ein eigener Stand eingerichtet. Ein Schmalspurtransportwagen brachte die Maschinen nach Nossen, wo sie das Personal mittels einer Seilwinde auf den Ausbesserungsstand zog.

Ab 1972 stockte die Rbd Dresden den Bestand der Baureihe 99⁷⁷⁻⁷⁹ durch weitere, im Bw Aue nicht mehr benötigte Maschinen auf. Zunächst gelangten die Loks nach Radebeul. In Freital-Hainsberg hingegen dominierten noch die Einheitsloks der Baureihe 99⁷³⁻⁷⁶. Im Jahr 1973 verfügte die Est Radebeul Ost durchschnittlich über sechs Maschi-

Stationierungen Bw Wilsdruff

Lok	vom Bw	von	bis	zum Bw
99 771	neu	18.08.1952	24.10.1952	Annaberg-Buchholz
99 772	Meiningen	25.08.1969	30.06.1972	Nossen[1]
99 773	neu	22.12.1952	01.01.1953	Annaberg-Buchholz
99 774	neu	23.12.1952	03.02.1953	Annaberg-Buchholz
99 775	neu	10.03.1953	15.06.1953	Annaberg-Buchholz
	Aue	17.02.1969	31.12.1972	Nossen
99 776	neu	08.06.1953	05.09.1953	Thum
	Karl-Marx-Stadt	23.08.1969	13.10.1972	Nossen[2]
99 778	Thum	26.10.1966	07.07.1967	Aue
99 779	Thum	28.06.1966	26.11.1968	Aue
99 783	Thum	03.10.1963	16.06.1972	Nossen[3]
99 784	Thum	10.10.1963	23.11.1963	Thum
	Thum	09.12.1963	22.06.1972	Nossen[4]
99 786	Meiningen	08.04.1969	31.12.1972	Nossen[5]
99 792	neu	19.02.1957	02.03.1957	Thum
99 793	Aue	17.06.1957	17.11.1972	Nossen[6]
99 794	Meiningen	01.07.1969	15.09.1972	Nossen[7]

1) Angabe laut Betriebsbuch; Wilsdruff war aber bis 31.12.1972 eigenständiges Bw.
2) Angabe laut Betriebsbuch; Wilsdruff war aber bis 31.12.1972 eigenständiges Bw.
3) Angabe laut Betriebsbuch; Wilsdruff war aber bis 31.12.1972 eigenständiges Bw.
4) Angabe laut Betriebsbuch; Wilsdruff war aber bis 31.12.1972 eigenständiges Bw.
5) Laut Betriebsbuch wurde die Lok erst am 14.01.1973 umgesetzt.
6) Angabe laut Betriebsbuch; Wilsdruff war aber bis 31.12.1972 eigenständiges Bw.
7) Angabe laut Betriebsbuch; Wilsdruff war aber bis 31.12.1972 eigenständiges Bw.

■ Vor dem Lokschuppen in Radebeul Ost trafen sich am 30. August 1978 die 99 783 und 793. Ein Betriebsarbeiter bereitete die 99 783 gerade zum Auswaschen vor.

Foto: Kleine, Archiv transpress

■ Die Planlast für die Güterzüge mit der Neubau-VII K von Radeburg nach Radebeul Ost betrug 370 t.

Abbildung: Archiv Endisch

N 66903 (70,1) Radeburg—Radebeul Ost

Hg max 20 km/h b)
Tfz 99.1

Höchstlast 370 t

Mbr Köbr 41

1	2	3	4	5	6	7	8	9	10
16,6	20	Radeburg	—	**1411**					
	10	14,33 ⌐ } Nur Lok BR 14,30 } 99.1771—94 und 1731—62							
13,9	20	Berbisdorf Hp	—	**23**			1		
	10	12,10 ⌐ 12,00 ▼							
11,6		Bärnsdorf Hp	—	**33**			1		
10,3		Cunnertswalde Hp	—	**38**			1		
8,6		Moritzburg	**1445**	**49**	14214		3		Aufs a)
6,1	20	Friedewald (Kr Dresden)	—	**1500**			2		
4,8		Friedewald (Kr Dresden) Hp.	—	**05**			1		
3,5		Lößnitzgrund Hp...........	—	**10**			1		
1,6		Weißes Roß Hp	**1518⁺**	**19**			1		
0,1		Radebeul Ost.............	**1528**	—					

a) Nach Ankunft und vor Abfahrt
b) 6achsige Rollfahrzeuge Hg 15 km/h

Hainsberg hingegen waren nach wie vor nur drei Maschinen der Baureihe 99[77-79] stationiert. Der Bedarf für die planmäßig zu fahrenden Züge war hingegen eher gering. So benötigte die Est Freital-Hainsberg im Normalfall täglich vier Maschinen, von denen eine der Lokbf Kurort Kipsdorf besetzte. Die Est Radebeul Ost brauchte täglich zwei Maschinen, wovon eine mit Radeburger Personal besetzt wurde.

Aber bereits 1973 änderte sich das Bild, da in der Est Freital-Hainsberg mit dem Ablauf der Untersuchungsfristen der nicht neubekesselten Einheitsloks ein Fahrzeugmangel auftrat. Diese Lücke schloss das Bw Nossen durch die Umsetzung einiger Neubau-VII K. So besaß die Est Freital-Hainsberg 1974 im Jahresdurchschnitt fünf Maschinen der Baureihe 99[77-79]; in Radebeul

nen, während in Freital-Hainsberg nur drei Neubau-VII K zur Verfügung standen. Ein Jahr später erreichte die Est Radebeul Ost mit acht Loks den höchsten Bestand in ihrer Geschichte. In Freital-

■ Zugkreuzungen dieser Art sind heute auf dem Lößnitzdackel Geschichte, denn die Reichsbahn stellte den Güterverkehr 1991 ein. Am 10. Juni 1983 trafen sich in Moritzburg 99 787 und 793.

Foto: Kleine, Archiv transpress

■ Bimmelnd und pfeifend war die 99 786 am 17. August 1977 in Radebeul unterwegs. Die Lok besaß zu diesem Zeitpunkt noch Tritteinpolterungen im Kohlenkasten.

Foto: Kleine, Archiv transpress

Ost gab es zu diesem Zeitpunkt nur noch sechs Exemplare.

Mit der Übernahme weiterer Maschinen vom Bw Aue entwickelte sich das Bw Nossen ab 1975 zur neuen Hochburg der Neubau-VII K. Bei einem durchschnittlichen Bestand von zwölf Maschinen

■ Bereits 1978 war der Lößnitzdackel eine Attraktion. Als die 99 793 am 30. August 1978 in Radebeul Ost stand, hielt ein Fotofan die Schmalspurbahn im Bild fest.

Foto: Kleine, Archiv transpress

■ Schmalspurromantik pur herrschte am 17. August 1977 im Bahnhof Radeburg. Zahlreiche Ausflügler nutzten damals noch die Bimmelbahn.

Foto: Kleine, Archiv transpress

■ Vor dem Lokschuppen in Radebeul Ost standen am 16. September 1977 die 99 783 und 784. Die Reichsbahn setzte die 99 784 im Juli 1983 nach Putbus um. *Foto: Mehnert*

■ Mit einem Flügelrad an der Rauchkammertür dampfte die 99 788 im August 1988 durch das Lößnitztal. In Radebeul Ost stellte sie den Zug nach Radeburg bereit. *Foto: Endisch*

■ Während die 99 777 am 12. Oktober 1990 einen Reisezug nach Kipsdorf bespannte, erledigte die 99 780 den Rangierdienst in Freital-Hainsberg. *Foto: Kleine, Archiv transpress*

■ Während ein Betriebsarbeiter die Rauchkammer der 99 783 am 10. April 1991 in der Est Freital-Hainsberg reinigte, ergänzte das Personal gleich den Kohlenvorrat. *Foto: Endisch*

■ **Im Sommer 1989 waren Güterzüge im Weißeritztal noch all-
täglich. Am 9. Juni 1989 verließ die 99 780 gerade Freital-Hainsberg.** *Foto: Kleine, Archiv transpress*

■ **In Rabenau gab es nur wenig Platz für die Bahnanlagen. Am
12. Oktober 1990 fuhr die 99 789 in Rabenau ein. Hinter der Lok
lief der beliebte Traditionswagen der Weißeritztalbahn.**
Foto: Kleine, Archiv transpress

stationierte das Bw Nossen jeweils sechs Loks in
Radebeul Ost und Freital-Hainsberg. An dieser Verteilung änderte sich in den folgenden Jahren nur wenig. Im Sommer 1975 hatten die Einheitsloks im
Weißeritztal bereits ihre beherrschende Stellung
verloren, denn nur noch drei Maschinen waren hier
stationiert. Sie spielten nun eine eher untergeordnete Rolle im Betriebsdienst.

Am 30. Juni 1980 verfügte die Est Freital-Hainsberg über 99 776, 786, 787, 788, 789 und 794,
während die Est Radebeul Ost 99 772, 781, 783,
784 und 793 vorhielt. Trotz dieser recht guten Aus-

■ **In Seifersdorf kreuzten am 10. April 1991 zwei Reisezüge.
Die 99 787 war auf dem Weg nach Kipsdorf. Die 99 783 lief als
Schlusslok an einem Zug nach Freital-Hainsberg mit, da eine Gü-
terzugleistung entfallen war.** *Foto: Endisch*

stattung kam es ab Ende der 70er-Jahre vor allem
in Radebeul Ost zu zeitweiligen Engpässen im Fahrzeugpark, obwohl dort nur zwei, in Ausnahmefällen
drei, Maschinen täglich zum Einsatz kamen. Ursa-
che für diese Entwicklung waren fehlende Ersatzteile, die zu langen Reparaturzeiten führten. In diesen Fällen wurde zumeist der Radeburger Umlauf
mit der als Traditionslok vorgehaltenen VI K 99 713
gefahren.

■ Bei Seifersdorf war am 12. Oktober 1990 die 99 789 mit einem Personenzug nach Freital-Hainsberg unterwegs. Auch heute gehört die Lok zum Bestand der Est Freital-Hainsberg.
Foto: Kleine, Archiv transpress

■ Über einen Seitenarm der Talsperre Malter rumpelte am 8. Juni 1980 die 99 773. Der Zaun schützte den Zug vor zu starkem Seitenwind.
Foto: Kleine, Archiv transpress

In der zweiten Hälfte der 80er-Jahre spitzte sich die Fahrzeugsituation im Bw Nossen zu. Die Ursachen dafür waren die deutlich längeren Aufenthal-te im Raw Görlitz, der immer schlechter werdende Zustand der Blechrahmen der Neubau-VII K sowie ein zunehmender Ersatzteilmangel. Vor allem in

■ Hochbetrieb herrschte am 31. August 1978 in Dippoldiswalde. An der Ladestraße wurden noch Güterwagen be- und entladen. Die 99 788 war auf dem Weg nach Kipsdorf. *Foto: Kleine, Archiv transpress*

der Est Radebeul Ost wuchsen die Schwierigkeiten, die benötigten Maschinen für die beiden Umlauftage zu stellen. Dabei war der Bestand des Bw Nossen am 30. Juni 1987 auf dem Papier noch sehr gut. In der Est Freital-Hainsberg waren 99 772, 775, 776, 780 und 790 vorhanden. Die Est Radebeul Ost hielt hingegen 99 778, 779, 787, 788, 793 und 794 vor. Doch bereits ein Jahre später verzeichnete das Bw Nossen drei Abgänge.

Von einem Lagergebäude an der Ladestraße bietet sich ein schöner Blick über den Bahnhof Dippoldiswalde, den die 99 777 am 12. Oktober 1990 gerade verläßt. *Foto: Kleine, Archiv transpress*

In den Schadpark kamen aufgrund ihres schlechten Gesamtzustandes in der zweiten Hälfte des Jahres 1988 die Hainsberger 99 775 sowie die Radebeuler 99 778 und 779.

Mit der Einführung der Druckluftbremse auf der Strecke Freital-Hainsberg–Kurort Kipsdorf zwischen 1990 und 1991 nahmen die Probleme in der Lokdisposition zu, denn der bisher praktizierte freizügige Austausch zwischen den beiden Einsatzstellen war nun nicht mehr möglich, da zwischen Radebeul Ost und Radeburg auf Grund des Traditionsbetriebes die Saugluftbremse weiter in Betrieb blieb. Bereits Ende 1990 verfügten die in der Est Freital-Hainsberg stationierten 99 777, 780, 783 und 787 über eine Druckluftbremse. Mit dem Ausfall der 99 786 verschärfte sich im Sommer 1990 die Fahrzeug-Situation in Radebeul Ost, denn jetzt waren dort maximal noch drei einsatzfähige Maschinen vorhanden. Im Notfall mussten nun sogar die für den Traditionsbetrieb vorgehaltenen IV K oder VI K im Plandienst aushelfen. An den planmäßig benötigten Maschinen – vier in Freital-Hainsberg und zwei in Radebeul Ost – hatte sich aber noch nichts geändert. Auch die überraschende Einstellung des Güterverkehrs auf dem Lößnitzdackel am 31. Mai 1991 führte zu keiner Ver-

Durch Schmiedeberg stampfte am 8. Juni 1980 die 99 773 auf dem Weg nach Kipsdorf. Die Deutsche Bahn gab die Lok 1998 an die BVO Bahn GmbH ab. *Foto: Kleine, Archiv transpress*

■ Gemächlich rumpelte die 99 773 am 8. Juni 1980 durch Obercarsdorf. Die kleine Halterung unterhalb des Nummernschildes diente zur Aufnahme kleiner Fahnen, mit denen die Lok zu Staatsfeiertagen in der DDR geschmückt wurde. *Foto: Kleine, Archiv transpress*

ringerung des Lokbedarfs, da das Angebot im Personenverkehr verbessert wurde.

Mit dem Einbau neuer Rahmen und Kessel bei 14 Maschinen der Baureihe 99$^{77-79}$ stabilisierte sich die Situation im Bw Nossen ab 1991 wieder. Auch die seit längerer Zeit abgestellten 99 775, 778 und 779 wurden wieder instand gesetzt. Am 1. Dezember 1992 verteilte sich der Nossener Bestand auf die Est Freital-Hainsberg mit den druckluftgebremsten 99 771, 777, 780, 783 und 789 und die Est Radebeul Ost mit den saugluftgebremsten 99 775, 778, 779, 788, 790 und 793. Nach wie vor schickte die Est Radebeul Ost täglich zwei und die Est Freital-Hainsberg vier Maschinen ins Rennen. Eine Hainsberger Maschine

bespannte montags bis freitags die verbliebenen Güterzüge nach Dippoldiswalde und Schmiedeberg und erledigte den Rangierdienst in Hainsberg.

■ Gleich drei Reisezug-Garnituren standen am 8. Juni 1980 im Bahnhof Kipsdorf. Die 99 773 ist gerade angekommen. *Foto: Kleine, Archiv transpress*

Stationierungen Bw Nossen

Lok	vom Bw	von	bis	zum Bw
99 771	Aue	15.01.1988	05.07.1990	Aue
	Aue	26.05.1992	31.12.1993	Riesa
99 772	Wilsdruff	01.07.1972	12.12.1987	Aue
99 773	Aue	19.06.1973	13.02.1984	Aue
99 775	Wilsdruff	01.01.1973	31.07.1973	Aue
	Aue	28.09.1981	30.11.1981	Aue
	Aue	27.08.1986	11.10.1988	z-Park
	z-Park	17.01.1992	31.12.1993	Riesa[1]
99 776	Wilsdruff	14.10.1972	26.11.1988	Zittau
	Zittau	12.09.1990	13.01.1991	Aue
	Aue	17.06.1992	22.07.1992	Aue
99 777	Aue	20.06.1990	31.12.1993	Riesa[2]
99 778	Aue	12.08.1986	23.07.1988	z-Park
	Aue	01.08.1992	31.12.1993	Riesa
99 779	Aue	07.03.1985	04.02.1987	Aue
	Aue	30.04.1987	31.10.1988	z-Park
	z-Park	18.11.1991	31.12.1993	Riesa[3]
99 780	Aue	16.05.1986	14.04.1988	Zittau
	Zittau	15.10.1988	30.09.1992	Aue
	Aue	16.12.1992	04.03.1993	Aue
	Aue	15.06.1993	31.12.1993	Riesa
99 781	Aue	15.08.1973	27.07.1986	Aue
	Aue	13.11.1991	05.01.1994	z-Park[4]
99 783	Wilsdruff	15.06.1972	04.02.1986	Aue
	Aue	16.09.1987	31.12.1993	Riesa
99 784	Wilsdruff	23.06.1972	08.07.1983	Stralsund
99 785	Zittau	18.01.1990	27.03.1990	Aue
99 786	Wilsdruff	15.01.1973	10.12.1986	Zittau
	Zittau	01.02.1987	21.08.1991	Aue
99 787	Aue	23.12.1974	04.06.1987	Aue
	Aue	22.09.1988	25.02.1992	Aue
99 788	Aue	25.12.1974	31.10.1977	Aue
	Aue	22.03.1978	18.08.1988	Aue
	Aue	14.03.1989	01.10.1989	Aue
	Aue	18.09.1992	31.12.1993	Riesa
99 789	Aue	28.11.1972	29.07.1986	Aue
	Aue	30.03.1990	31.12.1993	Riesa
99 790	Aue	26.07.1983	23.10.1983	Aue
	Aue	24.12.1985	31.12.1993	Riesa
99 791	Aue	29.12.1983	01.04.1986	Aue
	Aue	17.01.1990	17.06.1991	Stralsund
	Aue	01.01.1993	31.12.1993	Riesa
99 793	Wilsdruff	18.11.1972	09.05.1993	Zittau
99 794	Wilsdruff	16.09.1972	17.07.1992	Aue

1) Laut Betriebsbuch wurde die Lok erst am 13.04.1994 umgesetzt.
2) Laut Betriebsbuch wurde die Lok erst am 01.05.1994 umgesetzt.
3) Laut Betriebsbuch wurde die Lok erst am 02.03.1994 umgesetzt.
4) Die Lok wurde am 22.11.1992 abgestellt und ab 01.01.1993 an das VM Nürnberg verliehen. Die z-Stellung erfolgte erst am 06.01.1994.

Ein besonderes Schicksal ereilte die 99 781. Die betriebsfähige Maschine musste das Bw Nossen am 22. November 1992 abstellen. Einige Wochen später verlieh die DR die Maschine dann mit Wirkung vom 1. Januar 1993 an das Verkehrsmuseum Nürnberg, wo sie im Freigelände gemeinsam mit der 99 606 aufgestellt wurde. Erst mit der z-Stellung am 6. Januar 1994 strich die DB AG die 99 781 aus den Bestandslisten.

Mit der Bahnreform verlor das Bw Nossen schließlich Ende 1993 seine Selbstständigkeit. Die Fahrzeuge sowie die Einsatzstellen Radebeul Ost und Freital-Hainsberg unterstanden ab dem 1. Januar 1994 dem Bh Riesa.

Einen Sonderfall im Betriebseinsatz der Neubau-VII K stellte die Beheimatung der 99 776 im **Bw Karl-Marx-Stadt** dar. Die Rbd Dresden vermietete die Maschine ab 25. März 1968 als Heizlok an den VEB Schaumchemie in Burkhardtsdorf, wo sie die 99 750 ablöste. Das Bw Karl-Marx-Stadt war allerdings nur für die Unterhaltung der 99 776 zuständig, weshalb die Lok auch planmäßig dieser Dienststelle zugeteilt war. Der Mietvertrag endete zwar am 31. Dezember 1968, aber die Lok blieb in Burkhardtsdorf noch einige Monate stehen. Erst am 8. Mai 1969 traf die 99 776 im Raw Görlitz zu einer Hauptuntersuchung ein und erreichte schließlich am 23. Mai 1969 ihr neues Heimat-Bw Wilsdruff.

4.4 Auf Wanderschaft: Die Rbd Cottbus, Rbd Erfurt und Rbd Greifswald

In kleineren Stückzahlen beheimateten auch die Reichsbahndirektionen Cottbus, Erfurt und Greifswald die Neubau-VII K. In der Rbd Cottbus, die für die Schmalspurbahn Zittau–Oybin/Jonsdorf von 1955 bis 1990 zuständig war, beheimatete lediglich das **Bw Zittau** kurzzeitig die Neubau-VII K. Die erste Bekanntschaft mit der Baureihe 99⁷⁷⁻⁷⁹ machte Zittau am 1. Januar 1959, als die 99 780 vom Lokbf Oberwiesenthal in die Oberlausitz kam. Sie stand lediglich zwei Monate im Einsatz, anschließend war sie im Raw Görlitz, bevor sie im Oktober 1959 im Bw Thum eintraf.

Die Reichsbahn konzentrierte im Bw Zittau die Einheitsloks der Baureihe 99⁷³⁻⁷⁶, die auf der Zittauer Bimmelbahn viele Jahre alle Züge bespannten. Erst als in der zweiten Hälfte der 80er-Jahre Maschinen fehlten – planmäßig benötigte der Zittauer Lokleiter bis zu sechs Loks täglich – half die Neubau-VII K hier wieder aus. Vom Bw Nossen über-

nahm man im Dezember 1986 die 99 786, die aber bereits nach wenigen Wochen wieder abgegeben wurde.

Anfang 1988 spitzte sich die Fahrzeugsituation im Bw Zittau dramatisch zu. Da die Bimmelbahn nach Oybin und Jonsdorf dem Braunkohlenabbau geopfert werden sollte, ließ die Rbd Cottbus nur noch die notwendigsten Arbeiten an den Fahrzeugen und Anlagen durchführen. Außerdem nahmen die Ausbesserungszeiten im Raw Görlitz durch fehlende Ersatzteile und Arbeitskräfte sowie durch den allgemeinen Zustand der Einheitsloks unerträglich zu. Bis zu 18 Monate fiel eine Zittauer 99er mitunter aus. Dadurch fehlten häufig Maschinen für den sechstägigen Umlauf. Den Mangel sollten die 99 776, 780 und 791 beheben. Doch durch die Ausfälle bei der Neubau-VII K meldete die Rbd Dresden recht schnell Bedarf an diesen Maschinen an. Nach nur wenigen Monaten musste das Bw Zittau deshalb die 99 780 und 791 wieder abgeben. Lediglich die 99 776 blieb länger in Zittau im Einsatz, wobei ihr zum Jahreswechsel 1989/90 die 99 785 Gesellschaft leistete. Mit der Abgabe der 99 776 am 11. September 1990 endete vorerst das Gastspiel der Neubau-VII K im Zittauer Gebirge.

Erst am 22. Februar 1993 wurde wieder eine Lok der Baureihe 99⁷⁷⁻⁷⁹ im Bw Zittau heimisch – die ölgefeuerte 99 787. Nach dem Umbau von insgesamt fünf Maschinen der Baureihe 99⁷³⁻⁷⁶ ließ die Reichsbahn auch eine Neubau-VII K mit einer Leichtöl-Feuerung ausrüsten (siehe Abschnitt 3.8). Gemeinsam mit den ölgefeuerten Einheitsloks wurde die 99 787 nach ihrer messtechnischen Erprobung im Zittauer Gebirge eingesetzt. Ab Mai 1993 be-

■ **Nur kurz gastierte die Baureihe 99⁷⁷⁻⁷⁹ auf der Zittauer Bimmelbahn. Die 99 776 verließ am 8. Juni 1989 den Bahnhof Zittau Süd.** *Foto: Kleine, Archiv transpress*

Auf dem Weg nach Zittau rollte am 8. Juni 1989 die 99 776 durch Olbersdorf. Zwischen 1988 und 1990 gehörte die Lok zum Bestand des Bw Zittau. *Foto: Kleine, Archiv transpress*

setal waren die vorhandenen Maschinen völlig überfordert. Außerdem verursachten die 99 4531 und 4532 mit ihren komplizierten Klien-Lindner-Hohlachsen enorme Unterhaltungskosten. So forderte die Rbd Erfurt die Bereitstellung leistungsfähiger Maschinen. Die HvM verfügte deshalb 1953 die 99 4052, eine nach dem Zweiten Weltkrieg bei der DR verbliebene Fremdlok, zum Bw Meiningen. Allerdings erfüllte diese Maschine aufgrund ihrer großen Schadanfälligkeit

saß das Bw Zittau ebenfalls die 99 793, die hier aber nur als Reserve-Maschine fungierte. Bei der Umwandlung des Bw Zittau in eine Außenstelle des Bh Görlitz am 1. Januar 1994 waren beide Neubau-VII K noch vorhanden.

Auch in Thüringen war die Baureihe 99⁷⁷⁻⁷⁹ einige Jahre im Einsatz. Das

Stationierungen im Bw Zittau

Lok	vom Bw	von	bis	zum Bw
99 776	Nossen	26.11.1988	11.09.1990	Nossen
99 780	Annaberg-Buchholz	01.01.1959	06.10.1959	Thum
	Nossen	15.04.1988	14.10.1988	Nossen
99 785	Aue	20.12.1989	17.01.1990	Nossen
99 786	Nossen	11.12.1986	31.01.1987	Nossen
99 787	Aue	22.02.1993	31.12.1993	Görlitz[1]
99 791	Aue	20.04.1988	08.12.1988	Aue
99 793	Nossen	10.05.1993	31.12.1993	Görlitz[2]

1) Laut Betriebsbuch wurde die Lok erst am 29.08.1994 umgesetzt.
2) Laut Betriebsbuch wurde die Lok am 14.03.1994 nach Riesa umgesetzt. Die Stationierung im Bh Görlitz wurde nicht mehr eingetragen.

Bw Meiningen zeichnete ab 1. April 1949 für den Fahrzeugeinsatz auf der am 25. Juli 1899 eröffneten, 9 km langen Trusebahn zwischen Wernshausen und Herges-Vogtei (ab 1950 Trusetal) verantwortlich. Bei der Übernahme durch die Deutsche Reichsbahn verfügte die Trusebahn nur über einen überalterten Fahrzeugpark. Die beiden Dn2-Tenderloks 99 4531 (Baujahr 1908) und 99 4532 (Baujahr 1924) trugen die Hauptlast der Verkehrs. Der Dreikuppler 99 4611 (Baujahr 1891) diente als Reservelok. Mit dem forcierten Ausbau der Förderung von Schwerspat und Eisenmanganerz in Tru-

und ihrer relativ geringen Leistung die Anforderungen nicht.

Erst nachdem der dringendste Bedarf an neuen Schmalspur-Dampfloks in der Rbd Dresden gedeckt war, konnte das Bw Meiningen mit der 99 786 eine Neubau-VII K für die Trusebahn in Empfang nehmen. Bereits im Januar 1955 übernahm die fabrikneue Maschine den Hauptteil des Verkehrs. Mit ihrer indizierten Leistung von 565 PS war die 99 786 den anderen Lokomotiven im Trusetal bei weitem überlegen. Fiel die Neubau-VII K allerdings aus, mussten die Personale wieder mit den

**Als letztes Exemplar der Baureihe 99⁷⁷⁻⁷⁹ nahm die Rbd Erfurt die 99 794 für die Trusebahn ab. Im März 1968 stellte die Maschine ei-
nen Güterzug im Bahnhof Trusetal zusammen.** *Foto: Kieper*

schwächeren Loks Vorlieb nehmen. Als schließlich am 1. November 1956 mit der 99 794 die zweite Neubau-VII K eintraf, konnte das Bw Meiningen endgültig auf die alten Trusebahn-Maschinen verzichten. Nacheinander wurden nun die 99 4611, 99 4531 und 99 4532 abgestellt oder an andere Bahnbetriebswerke abgegeben.

Mit der Übernahme der 99 772 vom Bw Annaberg-Buchholz im Sommer 1959 verfügte das Bw Meiningen über einen ausreichenden Fuhrpark für die Trusebahn. Die drei Thüringer Neubau-VII K unterschieden sich aber von ihren sächsischen Schwestern. So hatten sie anstelle der Saugluft- eine Druckluftbremse, eine andere Zug- und Stoßvorrichtung sowie einen anderen Heizanschluss. Während die 99 786 und 794 bereits im LKM Babelsberg entsprechend ausgerüstet wurden, passte das Bw Erfurt G die 99 772 im Rahmen einer L0 vom 29. Juni bis zum 7. August 1959 den technischen Bedingungen der Trusebahn an.

Bereits Ende der 50er-Jahre gingen die Leistungen im Güterverkehr auf der Trusebahn zurück. Die Eisenmangan-Grube in Trusetal beförderte nämlich ihr Erz jetzt per Seilbahn zum Bahnhof Auwallenburg an der Strecke Schmalkalden–Brotterode (ex KBS

190d), wo es direkt in regelspurige Güterwagen umgeschlagen wurde. Außerdem wurde ein Teil des Erzes mit Lastwagen nach Floh-Seligenthal bei Schmalkalden gebracht und dort in Güterwagen umgeladen. Da aber noch fünf Personenzugpaare auf der Trusebahn pendelten, benötigte der Lokbf Trusetal nach wie vor planmäßig noch zwei Maschinen.

Erst mit der Anfang der 60er-Jahre einsetzenden Reduzierung des Reiseverkehrs schrumpfte der Bedarf auf eine Planlok. Nur bei erhöhtem Güteraufkommen wurde nun eine zweite Neubau-VII K angeheizt. Die kalten Reservemaschinen standen meist im Wernshausener Lokschuppen.

Mit der Einstellung des Reiseverkehrs zwischen Wernshausen und Trusetal am 25. Mai 1966 zeichnete sich das Ende der Trusebahn ab. Im Güterverkehr gab es aber noch keinen Ersatz für die Schmalspurbahn, für die das Bw Meiningen weiterhin drei Neubau-VII K vorhielt, von denen eine täglich unter Dampf stand. Die Deutsche Reichsbahn verfügte schließlich die Einstellung des Güterverkehrs zum 31. Dezember 1968. Dieses Vorhaben verschob sich aber um einige Tage, da der letzte Anschließer, die Grube Lommel in Trusetal,

Stationierungen im Bw Meiningen

Lok	vom Bw	von	bis	zum Bw
99 772	Annaberg-Buchholz	08.08.1959	24.08.1969	Wilsdruff[1]
99 786	neu	10.01.1955	07.04.1969	Wilsdruff[2]
99 794	neu	01.11.1956	30.09.1969	Wilsdruff[3]

1) Ab 19.05.1969 war die Lok zu einer L0 im Raw Görlitz.
2) Ab 30.12.1968 war die Lok zu einer L4 im Raw Görlitz.
3) Ab 03.02.1969 war die Lok zu einer L3 mW im Raw Görlitz.

nicht alle Transporte auf LKW umstellen konnte. Am 17. Januar 1969 transportierte dann die 99 772 die letzten Güterwagen auf der Trusebahn.

Zu diesem Zeitpunkt gab es im Lokbf Trusetal nur noch zwei Neubau-VII K, denn die 99 786 weilte bereits seit dem 30. Dezember 1968 im Raw Görlitz. Dorthin folgte ihr am 3. Februar 1969 die 99 794.

Als letzte 99$^{77-79}$ traf die 99 772 am 19. Mai 1969 im Raw Görlitz ein. Alle drei Maschinen wurden dabei der Serienausführung der Neubau-VII K angepasst, wozu unter anderem der Einbau der Saugluftbremse gehörte, bevor sie zum Bw Wilsdruff kamen.

Nördlichste Heimat der Baureihe 99$^{77-79}$ war die Est Putbus des **Bw Stralsund**. Bereits Mitte der 70er-Jahre zeichnete sich ab, dass die auf dem »Rasenden Roland« zwischen Putbus und Göhren eingesetzten Dh2-Maschinen 99 4631, 4632 und 4633 sowie die 1´Dh2-Tenderloks 99 4801 und

■ Im Juli 1990 musste die Est Putbus mangels Lokomotiven die 99 782 und 784 einsetzen. Während das Personal der 99 784 gerade die Wasservorräte ergänzte, wartete die 99 782 noch auf ihren ersten Einsatz. Die A-Spitzenlichter der beiden Loks waren am Tender festgeschraubt. *Foto: Endisch*

■ Auf den Gegenzug aus Putbus wartete im Juli 1990 die 99 782 in Seelvitz. Der Bahnhof liegt weit ab des Dorfes inmitten von Feldern und Wäldern. *Foto: Endisch*

■ Nachdem die Reisenden den Zug aus Göhren verlassen hatten, zog die 99 782 im Juli 1990 vor zum Lokschuppen, wo die Maschine restauriert wurde. *Foto: Endisch*

4802 in absehbarer Zeit am Ende ihrer Nutzungsdauer angekommen sein werden. Vor allem die Kessel der Maschinen konnten nur noch mit hohem Aufwand instand gehalten werden. So verfügte die HvM probeweise im Sommer 1977 die Einheitslok 99 735 nach Putbus. Die Testfahrten zeigten, dass die großen 1´E1´-Maschinen prinzipiell auf dem Rasenden Roland eingesetzt werden konnten, sofern der Oberbau auf eine Achslast von neun Tonnen verstärkt würde. Allerdings war das Lichtraumprofil des Lokschuppens in Putbus nicht für die großen Maschinen ausgelegt.

Zwischen Putbus und dem Haltepunkt Posewald befand sich der Kreuzungsbahnhof Posewald, der in keinem Kursbuch stand. Das Personal der 99 784 genoss während des Betriebshalts im Juli 1990 die laue Morgenluft. *Foto: Endisch*

Trotzdem war die Fahrzeuglage auf der Insel Rügen Anfang der 80er-Jahre so ernst, dass die HvM die 99 784 im Sommer 1984 nach Putbus umsetzen ließ. Zuvor musste die Maschine aber entsprechend den technischen Gegebenheiten angepasst werden. Das Raw Görlitz rüstete die Lok mit einer Druckluftbremse, einem anderen Heizanschluss sowie einer anderen Zug- und Stoßeinrichtung aus. Außerdem erhielt die 99 784 anstelle der großen nur die kleine Lichtmaschine mit 500 W sowie ein Schutzblech unter der Rauchkammer. Dieses Blech verlieh den Neubau-VII K auf der Insel Rügen ihr unverwechselbares Aussehen. Nach ihrer Ankunft auf der Insel Rügen wurde die 99 784 sofort im Plandienst eingesetzt. Die Est Putbus benötigte täglich zwei Maschinen für zwei separate eintägige Dienstpläne, wobei Göhrener Personal einen Umlauf besetzte. Die 99 784 kam planmäßig nach Göhren.

Ein Jahr später wurde der Bestand durch die 99 782 verstärkt. Das war auch dringend notwendig, da sich die Ausfälle bei den traditionellen Rügen-Loks erhöhten. Die Neubau-VII K wurde weiterhin schwerpunktmäßig von Göhren aus eingesetzt. Mit dem Verkauf der 99 4631 im Juli 1984 an einen Privatmann in Lehrte besaß die Est Putbus nun jeweils zwei Maschinen der Baureihen 99⁷⁷⁻⁷⁹, 99⁴⁶³ und 99⁴⁸. Meist stand eine der bekannten Rügen-Maschinen und eine Neubau-VII K im Einsatz. Nur selten setzte die Est Putbus ihre beiden Babelsbergerinnen ein.

Die Unterhaltung der 99 782 und 784 war allerdings nicht ganz einfach, da die Maschinen nicht in den Lokschuppen in Putbus passten und folglich unter freiem Himmel gewartet werden mussten. Zwar wurde der alte Schuppen 1986 abgebrochen, doch der Neubau zog sich mangels Baumaterial bis zum Herbst 1989 hin.

Zu dieser Zeit herrschte in Putbus bereits ein permanenter Lokmangel. So hatte die Rbd Greifswald die 99 4801 nach Ablauf der Kesselfristen abgestellt. Die HvM musterte die Maschine sogar am 4. November 1989 aus. Ihre Schwester, die 99 4802, stand im Raw Görlitz. Die 99 4632 hatte ihre letzten Einsatztage vor sich, denn ihre Frist lief

■ Im Sommer 1991 half für wenige Wochen die 99 791 auf der Insel Rügen aus. Zwischen Putbus und Göhren war die Lok ohne Nummernschilder im Einsatz. Im Juli 1991 war die Neubau-VII K bei Posewald unterwegs. *Foto: Endisch*

im Februar 1990 aus. Der Kessel der 99 4633 war zu diesem Zeitpunkt schon kalt. Von den Neubau-VII K war nur noch die 99 784 verfügbar, da die 99 782 aufgrund scharf gelaufener Radsätze in das Raw Görlitz musste. An manchen Tagen konnte die Est Putbus nur noch eine Maschine einsetzen, die anderen Leistungen übernahmen nun Busse.

Die angespannte Situation änderte sich erst in der zweiten Jahreshälfte 1990. Für den Sommerverkehr 1991 verfügte die DR noch die 99 791 auf die Insel Rügen. Mit aufgemalten Lokschildern be-

Stationierungen im Bw Stralsund

Lok	vom Bw	von	bis	zum Bw
99 782	Aue	03.07.1984	22.01.1996	RüKB
99 784	Nossen	09.07.1983	22.01.1996	RüKB
99 791	Nossen	18.06.1991	24.09.1991	Aue

setzten Göhrener Eisenbahner die Maschine, die im September 1991 aber nach Aue ging. Mit dem Neuaufbau der 99 782 sowie der grundlegenden Erneuerung der anderen Rügen-Loks stabilisierte sich die Lage bis 1993. Fahrzeugengpässe waren nun Geschichte. Mit der Umwandlung des Bw Stralsund in einen Betriebshof änderte sich an der Zuordnung der auf dem Rasenden Roland eingesetzten Maschinen nichts. Erst mit der Übernahme der Strecke Putbus–Göhren durch die Rügensche Kleinbahn GmbH (RüKB) schieden die 99 782 und 784 zum 23. Januar 1996 aus dem Bestand der DB AG aus.

4.5 Werkbahn-Einsatz: Die Loks des Mansfeld-Kombinats

Eine Besonderheit der Baureihe 99[77-79] stellte der Einsatz bei der 750 mm-spurigen Werkbahn des VEB Mansfeld-Kombinats »Wilhelm Pieck« Eisleben dar. Der Kupferbergbau im Mansfelder Revier am östlichen Harzrand kann auf eine jahrhundertealte Tradition zurückblicken. In der Mitte des 19. Jahrhunderts nahmen die Entfernungen zwischen den Gruben und Hütten immer weiter zu. Der Transport mit Pferdefuhrwerken wurde immer unwirtschaftlicher. Da auch Seilbahnen als Transportmittel ausschieden, beschlossen die Gruben- und Hüttenbesitzer, ihre Anlagen durch Werkbahnen zu verbinden. Am 15. November 1880 ging das erste 5,5 km lange Teilstück in Betrieb. Bis 1906 wuchs das Streckennetz der Bergwerksbahn kontinuierlich auf rund 90 km Länge. Es verband 13 Schächte und sechs Hütten miteinander. In Hettstedt und Klostermansfeld bestand Anschluss an die Staatsbahn. Rund 700 Güterwagen, 30 Personenwagen und 29 Lokomotiven wickelten den Güter- und Personenverkehr ab.

Mit der Gründung des Mansfeld-Kombinats wurde der Kupferabbau weiter forciert. Für den steigenden Güter- und werksinternen Personenverkehr benötigte die Werkbahn neue Maschinen. Aus diesem Grund erwarb das Mansfeld-Kombinat 1953 vom LKM Babelsberg zwei Maschinen der Baureihe 99[77-79], die aber entsprechend den

betrieblichen Besonderheiten der Bergwerksbahn mit einer Druckluftbremse, der kleinen 500-W-Lichtmaschinen und einem rund 500 mm langen Rahmenvorschuh für die zwei benötigten Kupplungen ausgerüstet wurden. Die mit den Fabrik-Nummern 32.020 und 32.021 im Jahr 1953 gelieferten Loks reihte das Mansfeld-Kombinat als Nr. 12 »Patriot« und Nr. 13 »Pionier« in seinen Bestand ein. Planmäßig bespannte die Nr. 12 die Übergabezüge von den Rohhütten in Helbra und Eisleben zum Bahnhof Hettstedt. Die Nr. 13 hingegen brachte in erster Linie die Erzzüge vom Otto-Brosowski-Schacht bei Siersleben und vom Ernst-Thälmann-Schacht bei Volkstedt zu den beiden Rohhütten. Der Einsatz vor den schweren Güterzügen war aber nicht ganz unproblematisch. So gab es bereits nach wenigen Jahren erhebliche Schwierigkeiten mit den Blechrahmen. Nur mit Mühe hielt die Hauptwerkstatt in Klostermansfeld die Maschinen betriebsfähig. Außerdem neigten die Laufachsen auf dem Oberbau sehr leicht zum Entgleisen. Da die beiden Neubau-VII K mit Abstand die leistungsfähigsten Maschinen der Bergwerksbahn waren, konnte man sie bei Ausfällen nur schwer durch andere Loks ersetzen.

Bei erheblichen Engpässen im Fahrzeugpark mietete das Mansfeld-Kombinat Schmalspurdampfloks von der Deutschen Reichsbahn an. Zwischen 1957 und 1962 waren so die 99 772, 774, 778 und 784 auf der Werkbahn im Einsatz.

Mit der Auserzung der Vorkommen in der Mansfelder Mulde ging der Verkehr auf der Mansfelder Bergwerksbahn in der zweiten Hälfte der 60er-Jahre deutlich zurück. So konnte das Mansfeld-Kombinat bis 1967 die beiden Neubau-VII K abstellen und verschrotten.

Stationierungen im Mansfeld-Kombinat

Lok	vom Bw	von	bis	zum Bw
99 772	Annaberg-Buchholz	07.05.1957	18.02.1959	Annaberg-Buchholz
99 774	Thum	22.11.1959	13.06.1960	Annaberg-Buchholz
99 778	Annaberg-Buchholz	15.04.1961	22.02.1962	Annaberg-Buchholz[1]
99 784	Thum	18.10.1959	31.05.1960	Annaberg-Buchholz[2]

1) Stationierung nicht im Betriebsbuch verzeichnet. Leihlok des Bw Annaberg-Buchholz
2) Stationierung nicht im Betriebsbuch verzeichnet. Leihlok des Bw Thum

4.6 Noch immer im Einsatz: DB AG, BRG, BVO Bahn GmbH, SOEG, RüKB

Auch fast 50 Jahre nach der Indienststellung der ersten Neubau-VII K sind einige Maschinen dieser Baureihe noch immer im Einsatz. Bei der Gründung der Deutschen Bahn AG übernahm der **Bh Riesa** am 1. Januar 1994 den Fahrzeugbestand des Bw Nossen und damit die in den Einsatzstellen Freital-

Hainsberg und Radebeul Ost stationierten Maschinen der Baureihe 99⁷⁷⁻⁷⁹. An den Einsätzen – zwei Loks auf der Strecke Radebeul Ost–Radeburg und vier Maschinen auf der Verbindung Freital Hainsberg–Kurort Kipsdorf – änderte dies aber nichts. Erst durch die Einstellung des Güterverkehrs auf der Weißeritztalbahn am 31. Dezember 1994 schrumpfte der Bedarf in der Est Freital-Hainsberg auf drei Maschinen. Bereits am 30. Dezember 1994 transportierte die 99 783 die letzten Güterwagen nach Dippoldiswalde. Die verbliebenen Reisezugleistungen auf der Strecke nach Kurort Kipsdorf teilten sich die Baureihen 99⁷³⁻⁷⁶ und 99⁷⁷⁻⁷⁹. Meist standen zwei Einheitsloks und eine Neubau-VII K im Einsatz.

Bereits einige Monate zuvor schrumpfte der Bestand der Neubau-VII K um drei Maschinen. Die nicht neu aufgebauten 99 780, 790 und 791 ließ die DB AG nach dem Ablauf der Untersuchungsfristen abstellen. Die letzte richtige Neubau-VII K des Bh Riesa blieb die 99 783. Im Zuge der Konzentration bei den Betriebshöfen ging die Zuständigkeit für die Riesaer Schmalspurloks zum 1. Oktober 1995 auf den Bh Dresden über.

Der **Bh Dresden** übernahm aus Riesa noch insgesamt neun Maschinen der Baureihe 99⁷⁷⁻⁷⁹. Die Einsätze samt Lokbedarf blieben davon unberührt. Auch die Verteilung der Maschinen auf Freital-Hainsberg (99 771, 777, 783, und 789) und Radebeul Ost (99 775, 778,

■ Im Dezember 1993 stand die 099 741 (ex 99 777) im Bahnhof Freital-Hainsberg. Für das Personal war gleich Feierabend, nur die Personenwagen galt es noch in Abstellgruppe zu bringen.

Foto: Endisch

Bh Riesa

Lok	vom Bw	von	bis	zum Bw
99 771	Nossen	01.01.1994	30.09.1995	Dresden
99 775	Nossen[1]	01.01.1994	30.09.1995	Dresden
99 777	Nossen[2]	01.01.1994	30.09.1995	Dresden
99 778	Nossen	01.01.1994	30.09.1995	Dresden
99 779	Nossen[3]	01.01.1994	30.09.1995	Dresden[4]
99 780	Nossen	01.01.1994	22.03.1994	z-Park
99 783	Nossen	01.01.1994	30.09.1995	Dresden
99 788	Nossen	01.01.1994	30.09.1995	Dresden
99 789	Nossen	01.01.1994	30.09.1995	Dresden
99 790	Nossen	01.01.1994	09.04.1994	z-Park
99 791	Nossen	01.01.1994	07.02.1994	z-Park
99 793	Görlitz	15.03.1994	30.09.1995	Dresden

1) Laut Betriebsbuch traf die Lok erst am 14.04.1994 ein.
2) Laut Betriebsbuch traf die Lok erst am 05.01.1994 ein.
3) Laut Betriebsbuch traf die Lok erst am 03.03.1994 ein.
4) Laut Betriebsbuch wurde die Lok erst am 13.12.1995 umgesetzt.

erst letzten Abgang bei der Neubau-VII K zu verzeichnen.

Mit der Aufteilung der Lokomotiven auf die einzelnen Geschäftsbereiche der Deutschen Bahn übernahm der GB Nahverkehr die Schmalspurmaschinen, die nun dem Regionalbereich Dresden unterstanden. Mit der Umwandlung des GB Nahverkehr in die DB Regio AG zum 1. Januar 1999 war nun die Niederlassung Dresden für die Weißeritztalbahn, den Lößnitzdackel und die dort eingesetzten Maschinen zuständig. Der Planbedarf und die Fahrzeugbestände blieben trotz aller organisatorischen Änderungen konstant. Allerdings

779, 788 und 793) blieb auf Grund der unterschiedlichen Bremssysteme auf beiden Strecken konstant. Erst 1998 gab es mit der z-Stellung und dem anschließenden Verkauf der 99 783 den vor-

Im Sommer 1996 dampfte die 099 747 (ex 99 783) mit einem Personenzug durch Schmiedeberg. Zwei Jahre später stellte die DB AG die Maschine ab und verkaufte sie anschließend an die RüKB. *Foto: Klaus*

zeigte sich seit 1997, dass die DB AG auch die noch nicht privatisierten Strecken Radebeul Ost–Radeburg, Freital-Hainsberg–Kurort Kipsdorf und Cranzahl–Oberwiesenthal an andere Betreiber abgeben wollte. Während sich für die Fichtelbergbahn mit der BVO Bahn GmbH ein kommunaler Betreiber fand, blieben die Weißeritztalbahn und der Lößnitzdackel nach langen und zum Teil heftigen Verhandlungen zwischen dem Freistaat Sachsen, dem

Auf den Gegenzug aus Radeburg wartete am 16. November 1997 in Moritzburg die 099 742 (ex 99 778). Die Maschinen der Est Radebeul Ost besitzen eine Saugluftbremse. *Foto: Endisch*

Auf den nächsten Einsatz wartete am 31. Dezember 1993 in der Abstellgruppe des Bahnhofs Zittau die ölgefeuerte 099 751 (ex 99 787). Wie alle neubekesselten Maschinen saß auch bei ihr die Pfeife neben dem Schornstein. *Foto: Endisch*

Stationierungen im Bh Dresden

Lok	vom Bw	von	bis	zum Bw
99 771	Riesa	01.10.1995	01.01.2001	BRG
99 775	Riesa	01.10.1995	04.10.1996	Chemnitz
	Chemnitz	29.07.1997	26.11.1997	Chemnitz
	Chemnitz	01.04.1998	01.01.2001	BRG
99 777	Riesa	01.10.1995	01.01.2001	BRG
99 778	Riesa	01.10.1995	01.01.2001	BRG
99 779	Riesa¹	01.10.1995	01.01.2001	BRG
99 783	Riesa	01.10.1995	03.07.1998	z-Park
99 788	Riesa	01.10.1995	01.01.2001	BRG
99 789	Riesa	01.10.1995	01.01.2001	BRG
99 793	Riesa	01.10.1995	01.01.2001	BRG

1) Laut Betriebsbuch traf die Lok erst am 14.12.1995 ein.

auch die mit neuen Rahmen und Kesseln ausgerüsteten 99 771, 775, 777, 778, 779, 788, 789 und 793 von der DB Regio AG zur BRG.

Mit der Angliederung des ehemaligen Bw Zittau als Außenstelle an den **Bh Görlitz** zum 1. Januar 1994 wechselten die ölgefeuerte 99 787 und die kohlegefeuerte 99 793 ihre Heimatdienststelle. Sie blieben aber weiterhin in Zittau für die Einsätze nach Oybin und Jonsdorf. Die 99 793 gab der Bh Görlitz allerdings im März 1994 an die Est Radebeul Ost des Bh Riesa ab. Damit verblieb als letzte Neubau-VII K die 99 787 in der Oberlausitz. Mit der Privatisierung der Strecke Zittau–Oybin/Jonsdorf zum 1. Dezember 1996 wurde die Sächsisch-Oberlausitzer Eisenbahn-Gesellschaft mbH neuer Eigentümer der 99 787.

für den Nahverkehr zuständigen Zweckverband Oberelbe und der DB AG unter Obhut des GB Nahverkehr. Erst zum Jahresende 2000 fand die DB Regio AG einen neuen Betreiber für die beiden Strecken – die **Mitteldeutsche Bahnreinigungsgesellschaft (BRG) Leipzig**, die mit Wirkung zum 1. Januar 2001 die Bimmelbahnen samt den dazugehörigen Fahrzeugen übernahm. So wechselten

■ **Zum Bh Chemnitz gehörte im April 1996 die 099 750 (ex 99 786), die mit ihrem Reisezug in Hammerunterwiesenthal einfuhr.**

Foto: Endisch

■ Keine Mühe hatte am 5. April 1998 die 099 738 (ex 99 773) mit ihrem Zug, als sie zwischen Neudorf und Vierenstraße unterwegs war. *Foto: Endisch*

Stationierungen im Bh Görlitz

Lok	vom Bw	von	bis	zum Bw
99 787	Zittau[1]	01.01.1994	30.11.1996	SOEG
99 793	Zittau	01.01.1994	15.03.1994	Riesa

1) Laut Betriebsbuch traf die Lok erst am 30.08.1994 ein.

Stationierungen im Bh Zwickau

Lok	vom Bw	von	bis	zum Bw
99 772	Aue[1]	01.01.1994	30.11.1994	Chemnitz
99 773	Aue[2]	01.01.1994	30.11.1994	Chemnitz
99 776	Aue[3]	01.01.1994	16.07.1994	z-Park
99 785	Aue	01.01.1994	30.11.1994	Chemnitz
99 786	Aue	01.01.1994	30.11.1994	Chemnitz[4]
99 794	Aue[5]	01.01.1994	30.11.1994	Chemnitz

1) Laut Betriebsbuch traf die Lok erst am 23.03.1994 ein.
2) Laut Betriebsbuch traf die Lok erst am 10.02.1994 ein.
3) Laut Betriebsbuch traf die Lok erst am 05.01.1994 ein.
4) Laut Betriebsbuch wurde die Lok erst am 06.07.1995 umgesetzt.
5) Stationierung im Bh Chemnitz ist nicht im Betriebsbuch eingetragen.

Im Zuge der Bahnreform verlor auch das Bw Aue seine Eigenständigkeit. Die in Oberwiesenthal stationierten Schmalspurloks unterstanden ab dem 1. Januar 1994 dem **Bh Zwickau**. Einfluss auf den Planbetrieb hatte dies aber nicht. Wie gehabt benötigte die Est Oberwiesenthal werktags zwei und an Wochenenden drei Neubau-VII K für den Zugdienst. Allerdings reduzierte sich der Bestand der Baureihe 99⁷⁷⁻⁷⁹ durch die z-Stellung der 99 776

Ab Herbst 1997 setzte die SOEG ihre ölgefeuerten Maschinen nur noch bei Lokmangel oder an Wochenenden ein. Am 3. April 1999 legten die 99 787 und die 99 735 in Olbersdorf-Oberdorf einen kurzen Halt ein. *Foto: Endisch*

von sechs auf fünf Maschinen. Die Zuständigkeit des Bh Zwickau für die Fichtelbergbahn dauerte nur einige Monate. Bereits am 1. Dezember 1994 zeichnete der Bh Chemnitz für die Est Oberwiesenthal und ihre Maschinen verantwortlich.

Vom Bh Zwickau übernahm der **Bh Chemnitz** insgesamt fünf Neubau-VII K, von denen vier Anfang der 90er-Jahre neue Rahmen und Kessel erhalten hatten. Einzig die 99 786 besaß noch ihre alten Bauteile. Mit der 1997 verfügten Sperrung der Strecke Annaberg-Buchholz–Schwarzenberg

Die seit dem 1. Januar 2001 geltenden Betriebsverhältnisse auf den Strecken Freital-Hainsberg–Kurort Kipsdorf und Radebeul Ost–Radeburg spiegeln sich auch in den Anschriften der dort eingesetzten Maschinen wieder. Die Mitteldeutsche Bahnreinigungsgesellschaft schuf für die beiden Strecken den Bereich »Sächsische Schmalspurbahnen« (SSB). Die 99 777 gehört zum Lokbahnhof Freital-Hainsberg (Mai 2001). *Foto: Endisch*

■ Nach einem anstrengenden Arbeitstag ergänzte die 99 789 am Abend des 20. September 2000 ihre Vorräte. Der Heizer musste die Luftpumpe reparieren. *Foto: Endisch*

Stationierungen im Bh Chemnitz

Lok	vom Bw	von	bis	zum Bw
99 772	Zwickau	01.12.1994	23.05.1998	BVO
99 773	Zwickau	01.12.1994	23.05.1998	BVO
99 775	Dresden	05.10.1996	28.07.1997	Dresden
	Dresden	27.11.1997	31.03.1998	Dresden
99 785	Zwickau	01.12.1994	23.05.1998	BVO
99 786	Zwickau[1]	01.12.1994	23.05.1998	BVO
99 794	Aue[2]	01.12.1994	23.05.1998	BVO

1) Laut Betriebsbuch traf die Maschine erst am 07.07.1995 ein.
2) Laut Betriebsbuch kam die Maschine am 30.05.1995 direkt vom Bh Aue nach Chemnitz.
   Die Stationierung im Bh Zwickau wurde nicht vermerkt.

für den Zugverkehr musste die DB AG nach einer neuen Möglichkeit suchen, um die in Oberwiesenthal eingesetzten Maschinen zum nun zuständigen Dampflokwerk Meiningen zu bringen. Aus Kostengründen entschied sich die DB AG für die Beförderung mit einem Schwertransporter auf der Straße. Am 26. Februar 1998 wurde dann die erste Neubau-VII K per LKW nach Meiningen gebracht.

Die 99 772, 773, 785, 786 und 794 sowie die z-gestellte 99 776 übergab die DB AG bei der Privatisierung der Fichtelbergbahn mit Wirkung zum 24. Mai 1998 an die BVO Bahn GmbH.

Neben der Mitteldeutsche Bahnreinigungsgesellschaft setzten im Sommer 2001 die **BVO Bahn GmbH** und die **Rügensche Kleinbahn GmbH** die Baureihe 99⁷⁷⁻⁷⁹ planmäßig ein. Im Erzgebirge stehen täglich zwei der insgesamt fünf Maschinen unter Dampf. Die RüKB verfügt über die betriebsbereiten 99 782, 783 und 784. Bei der **Sächsisch-Oberlausitzer Eisenbahn-Gesellschaft** gibt es derzeit keine betriebsfähige Neubau-VII K, da die 99 787 nach Ablauf der Untersuchungsfristen am 24. Februar 2001 abgestellt wurde.

Drei Maschinen dienen als Schaustücke. Das **Verkehrsmuseum Nürnberg** zeigt in seinem Freigelände die 99 781. Im Bahnhof Radebeul Ost präsentiert die **Traditionsbahn** die 99 791. Im Bahnhof **Freital-Hainsberg** stellten engagierte Eisenbahner und Eisenbahnfreunde die 99 790 auf.

■ Ihre Laufbahn begann die 99 772 auf der Leipziger Messe 1952. Heute gehört die Maschine zum Betriebspark der BVO Bahn GmbH in Oberwiesenthal.
Foto: Sammlung Lukow

5. Schlussbetrachtung

Seit fast 50 Jahren steht die Baureihe 99^{77-79} im Einsatz. Es wäre aber zu einfach, sie deshalb als erfolgreiche Maschine oder gar gelungene Konstruktion zu bezeichnen.

Die Baureihe 99^{77-79} war die erste Neubau-Dampflok der Deutschen Reichsbahn, diesen Platz kann ihr niemand streitig machen. Doch die Konstruktion und die Beschaffung der insgesamt 24 Maschinen fiel in eine Zeit, als die Reichsbahn an eine planmäßige Erneuerung ihres Fahrzeugparks noch nicht denken konnte. Die Verbesserung des Unterhaltungszustandes der vorhandenen Fahrzeuge oder der Umbau einiger Baureihen auf Kohlenstaubfeuerung hatten Anfang der 50er-Jahre

In Sachsen stehen die Dampfloks der Baureihe 99^{77-79} noch heute tagtäglich unter Dampf. Zwischen Cranzahl und Oberwiesenthal kommen planmäßig zwei zum Einsatz. Im April 1996 verlässt die 099 750 (ex 99 786) gerade den Bahnhof Cranzahl. *Foto: Endisch*

■ Mit einer mächtigen Dampfwolke war am 5. April 1998 die 099 749 (ex 99 785) bei Cranzahl unterwegs. *Foto: Endisch*

Vorrang. Außerdem fehlten Kapazitäten im Schienenfahrzeugbau. So konnte die DR erst 1955 ihre erste regelspurige Neubau-Dampflok in Betrieb nehmen. Doch der Rbd Dresden fehlten für ihre Schmalspurbahnen im Erzgebirge leistungsfähige Maschinen. Da beispielsweise die Strecke Cranzahl–Oberwiesenthal für die SDAG Wismut eine wichtige Transportfunktion hatte, mussten schnellstens Schmalspurdampfloks für 750 mm Spurweite beschafft werden. So entstanden unter einem enormen Zeitdruck in Anlehnung an die Einheitsloks der Baureihe 99$^{73\text{-}76}$ die Zeichnungen für die Neubauloks der Baureihe 99$^{77\text{-}79}$. Die von Hans Schulze 1956 formulierten »Richtlinien für die Entwicklung moderner Dampflokomotiven« waren zu diesem Zeitpunkt noch Zukunftsmusik. Dennoch erhielt die 99$^{77\text{-}79}$ einen Blechrahmen, einen geschweißten Kessel und einen größeren Rost zur Verfeuerung von Braunkohle. Warum? Der Blechrahmen und der geschweißte Kessel waren seit der

Massenfertigung der Baureihe 52 fester Bestandteil im Dampflokbau. Außerdem kannten die Dampflok-Konstrukteure in der DDR die im Westen publizierten Theorien Friedrich Wittes zu dessen »Neuen Baugrundsätzen«, die wiederum zu einem wesentlichen Teil auf den Erfahrungen mit der BR 52 basierten. So war es nur logisch, dass sie dieses Wissen nutzten, aber dabei auf die wirtschaftlichen und technischen Möglichkeiten in der DDR Anfang der 50er-Jahre Rücksicht nahmen.

Dennoch stand die Entwicklung der 99$^{77\text{-}79}$ unter keinem guten Stern. Der Rahmen und der Kessel wiesen erhebliche konstruktive Mängel auf. Die ungenügende Fertigungsqualität verschärfte diese Situation zusätzlich. Der Termindruck und die mangelnde Abstimmung zwischen der Reichsbahn und dem VEB Lokomotivbau »Karl Marx« Babelsberg waren dafür verantwortlich.

Schon nach wenigen Monaten gab es zahlreiche, zum Teil gravierende Probleme mit den landläufig

■ Der Kessel der 99 790 ist seit 1994 kalt. In Freital-Hainsberg dient die äußerlich aufgearbeitete Maschine heute als Denkmal (24. Mai 2001). *Foto: Endisch*

als Neubau-VII K bezeichneten Maschinen der Baureihe 99$^{77-79}$. Die Verdampfungsleistung des Kessels und die Leistung der 1'E1'-Maschinen ließen keine Wünsche übrig. Hier waren sie den Einheitsloks der Baureihe 99$^{73-76}$ ebenbürtig. Der Kessel und der Blechrahmen verursachten jedoch enorme Unterhaltungskosten und viel Arbeit im zuständigen Raw Görlitz. Zwar gelang es, die Schwierigkeiten mit dem Kessel zu lösen, der Rahmen blieb aber die Schwachstelle der Baureihe 99$^{77-79}$.

Trotzdem bewältigten die Maschinen auf der Strecke Cranzahl–Oberwiesenthal, der Trusebahn Wernshausen–Trusetal und im Thumer Netz über viele Jahre hinweg den gesamten Verkehr. Die Personale schätzten die leistungsstarken Maschinen, die anspruchslos in der Feuerführung waren und auch bei schlechtem Brennstoff immer genügend Dampf lieferten. Eine gute Maschine – wenn da nicht der Rahmen gewesen wäre. Der zu schwache

Blechrahmen führte bereits in den 70er-Jahren zur Ausmusterung der 99 774 und der 99 792. Während es die Erstere auf immerhin 25 Dienstjahre brachte, kam für die Letztere bereits nach knapp 16 Jahren das Aus.

Mit dem Schmalspursterben in den 60er- und 70er-Jahren verließ die Neubau-VII K ihre angestammten Reviere. Nun wurde die Baureihe 99$^{77-79}$ auch auf der Weißeritztalbahn Freital-Hainsberg–Kurort Kipsdorf und dem Lößnitzdackel Radebeul Ost–Radeburg heimisch. Während die Neubau-VII K in Radebeul Ost die Fünfkuppler der ehemaligen Gattung VI K ablöste, teilte sie sich in Freital-Hainsberg mit den Einheitsmaschinen die Leistungen. Anfang der 80er-Jahre verschlug es zwei Maschinen der BR 99$^{77-79}$ auf die Insel Rügen zum »Rasenden Roland« zwischen Putbus und Göhren.

In den 80er-Jahren nahmen die Probleme mit der Neubau-VII K dramatisch zu. Die Kessel und Rahmen einiger Maschinen waren völlig verschlissen. Das Raw Görlitz konnte sie nicht mehr mit einem vertretbaren Aufwand reparieren. So musste die Rbd Dresden ab 1988 weitere Loks abstellen. Zu diesem Zeitpunkt plante die Hauptverwaltung der Maschinenwirtschaft (HvM) die Verdieselung der sächsischen Schmalspurbahnen. Dies hätte das Ende der Baureihe 99$^{77-79}$ bedeutet.

Doch die politischen und wirtschaftlichen Ereignisse der Jahre 1989/90 retteten die Neubau-VII K. Mit dem dramatischen Rückgang des Personen- und Güterverkehrs bis 1991 wurden in den Reichsbahnausbesserungswerken (Raw) Görlitz und Meiningen Kapazitäten frei, die eine gründliche Instandsetzung der BR 99$^{77-79}$ ermöglichten. Da es nun auch keine Materialengpässe mehr gab, ließ die HvM im Raw Meiningen neue Rahmen und Kessel bauen, mit denen das Raw Görlitz zwischen 1991 und 1993 insgesamt 14 Maschinen neu auf-

baute. Die Chance, die konstruktiven Mängel des Blechrahmens der 99$^{77-79}$ zu beseitigen, nutzte die Reichsbahn leider nicht, die neuen Rahmen entstanden nach den alten Zeichnungen. Dank der deutlich besseren Materialqualität und Schweißtechnik blieben die alten Probleme glücklicherweise bis jetzt aus.

Von den personal- und kostenintensiven Schmalspurbahnen trennte sich die Deutsche Reichsbahn ab 1993 schrittweise. Damit einher ging auch, bedingt durch die Einstellung des Güterverkehrs auf den Bimmelbahnen, eine Reduzierung des Betriebsparks der Neubau-VII K. Dabei wurden ausschließlich die nicht modernisierten Loks abgestellt. Einige von ihnen, 99 781, 790 und 791, sind heute Denkmalloks. Mit der Abgabe der Strecken Putbus–Göhren (Rügensche Kleinbahn GmbH), Zittau–Oybin/Jonsdorf (Sächsisch-Oberlausitzer Eisenbahn-Gesellschaft mbH), Cran-

■ Zu den 14 Maschinen, die das Raw Görlitz zwischen 1991 und 1993 mit neuen Rahmen und Kesseln ausrüstete, gehört die 99 777. Sie ist heute in Freital-Hainsberg stationiert, wo sie am 24. Mai 2001 eine kurze Pause einlegte. *Foto: Endisch*

■ Zu den Stammstrecken der Baureihe 99⁷⁷⁻⁷⁹ gehört die Weißeritztalbahn von Freital-Hainsberg nach Kurort Kipsdorf. Hier ist auch die 99 771 zu Hause, die am 24. Mai 2001 mit einem Personenzug aus dem Bahnhof Dippoldiswalde fährt. *Foto: Endisch*

zahl–Oberwiesenthal (BVO Bahn GmbH) sowie der Weißeritztalbahn und des Lößnitzdackels (Mitteldeutsche Bahnreinigungsgesellschaft Leipzig) gingen auch die dazugehörigen Dampfloks der Baureihe 99⁷⁷⁻⁷⁹ auf die neuen Betreiber über. Noch heute steht die Neubau-VII K auf den Strecken Putbus–Göhren, Freital-Hainsberg–Kurort Kipsdorf, Radebeul Ost– Radeburg und Cranzahl–Oberwiesenthal täglich im Einsatz und das hoffentlich noch lange Zeit.

6. Anhang

Abkürzungsverzeichnis

Bh	Betriebshof
BRG	Mitteldeutsche Bahnreinigungs-gesellschaft Leipzig
BVO	BVO Bahn GmbH
Bw	Bahnbetriebswerk
DB AG	Deutsche Bahn AG
DMV	Deutscher Modelleisenbahn-Verband der DDR
DR	Deutsche Reichsbahn
DRG	Deutsche Reichsbahn-Gesellschaft
Est	Einsatzstelle
FDJ	Freie Deutsche Jugend (Jugend-organisation der SED)
FVA	Fahrzeug-Versuchsanstalt Halle (Saale); ab 1. Januar 1960 Versuchs- und Entwicklungsstelle der Maschinenwirtschaft (VES-M)
GB	Geschäftsbereich
HvM	Hauptverwaltung der Maschinen-wirtschaft
HvRaw	Hauptverwaltung der Reichsbahn-ausbesserungswerke
GD	Generaldirektion
Gmp	Güterzug mit Personenbeförderung
IfS	Institut für Schienenfahrzeuge Berlin-Adlershof
L0	Schadgruppen-Bezeichnung für Bedarfsausbesserung
L2, L5	Schadgruppen-Bezeichnung für Zwischenausbesserung
L3, L6	Schadgruppen-Bezeichnung für Zwischenuntersuchung
L4, L7	Schadgruppen-Bezeichnung für Hauptuntersuchung
LKM	VEB Lokomotivbau »Karl Marx« Babelsberg
Lokbf	Lokbahnhof
LOWA	Vereinigung der Lokomotiv- und Waggonbauindustrie der DDR
LPG	Landwirtschaftliche Produktions-genossenschaft
MaLoWa	MaLoWa Bahnwerkstatt GmbH Benndorf (ehemalige Hauptwerkstatt der Werkbahn des VEB Mansfeld-Kombinat »Wilhelm Pieck« Eisleben)
MfV	Ministerium für Verkehrswesen der DDR
N	Nahgüterzug
P	Personenzug
Pmg	Personenzug mit Güterbeförderung
Raw	Reichsbahnausbesserungswerk
Rbd	Reichsbahndirektion
RüKB	Rügensche Kleinbahn GmbH
RVM	Reichsverkehrsministerium
RZA	Reichsbahn-Zentralamt
SED	Sozialistische Einheitspartei Deutschlands
SMAD	Sowjetische Militäradministration in Deutschland
SOEG	Sächsisch-Oberlausitzer Eisenbahn-Gesellschaft mbH
TB	Abteilung Triebfahrzeug-Betrieb (in einem Bw)
TR	Traditionsbahn Radebeul
TU	Abteilung Triebfahrzeug-Unterhaltung (in einem Bw)

TZA	Technisches Zentralamt
Üb	Übergabe
VEB	Volkseigener Betrieb
VES-M	Versuchs- und Entwicklungsstelle
	der Maschinenwirtschaft

ZM	Zentralstelle Maschinentechnik
z-Park	Schadpark
++	verschrottet

Quellen- und Literaturverzeichnis

Bücher

Bäzold, Dieter: Das Thumer Schmalspurnetz; Egglham 1993.

Brosius, J.; Koch, R.: Die Schule des Lokomotivführers, Zweite Abtheilung: Die Maschine und der Wagen sowie die neuesten Brems-Vorrichtungen; Wiesbaden 1902.

Buchspiess, Walter; Jünemann, Klaus; Kieper, Klaus: Die Rügenschen Kleinbahnen; Stuttgart 1996.

Gerlach, Klaus: Für unser Lokarchiv; Berlin 1961.

Dietsch, Steffen: Die Trusebahn (EK-Reihe Regionale Verkehrsgeschichte Band 10); Freiburg 1996.

Ebel, Jürgen U.; Seiler, Bernd: Die Baureihe 99^{73-79}, Einheitslok auf schmaler Spur; Freiburg 1994.

Kieper, Klaus; Preuß, Reiner; Rehbein, Elfriede: Schmalspurbahn-Archiv; Berlin 1982.

Ledig, Gustav W.; Ulbricht, Ludwig Ferdinand: Die schmalspurigen Staatseisenbahnen im Königreiche Sachsen; Leipzig 1895.

Maedel, Karl-Ernst: Die Königlich Sächsischen Staatseisenbahnen; Stuttgart 1977.

Meereis, Wolfgang: Besuch bei den sächsischen Schmalspurbahnen, Text- und Fotobericht; Solingen 1972.

Meereis, Wolfgang: Neubau- und Rekonstruktions-Dampflokomotiven der DR nach 1945; Wuppertal 1975.

Petrak, Andreas: Schmalspurbahn Cranzahl–Oberwiesenthal; Nordhorn 1996.

Preuß, Erich; Preuß Reiner: Schmalspurbahnen in Sachsen; Berlin 1983.

Preuß, Reiner: Die Zittau-Oybin-Jonsdorfer Eisenbahn, Stuttgart 1999.

Schulz, Peter: Die Eisenbahn um Nossen zur Dampflokzeit; Dresden 1988.

Schwarze, Johannes (Ltg.): Die Dampflokomotive, Entwicklung, Aufbau, Wirkungsweise, Bedienung und Instandhaltung sowie Lokomotivschäden und ihre Beseitigung; Berlin 1965.

Stockklausner, Hanns: 25 Jahre deutsche Einheitslokomotive 1925–1950; Nürnberg 1950.

Stumpf, Rolf: Havarie und Planwirtschaft, Dampflokomotiven als Heizprovisorien in Betrieben der DDR; Hamburg 1996.

Thiel, Hans-Christoph: Die Weißeritztalbahn, Schmalspurbahn Freital-Hainsberg–Kurort Kipsdorf; Nordhorn 1994.

Ulbricht, Ludwig Ferdinand: Geschichte der Königlich Sächsischen Staatseisenbahnen; Dresden 1889.

Weisbrod, Manfred; Petznick, Wolfgang: Dampflok-Archiv 4, Baureihen 97, 98 und 99; Berlin 1981.

Weisbrod, Manfred; Wiegard, Hans; Müller, Hans; Petznick, Wolfgang: Dampflokomotiven 4, Baureihe 99; Berlin 1995.

Wagner, Wolfram: Schmalspurbahn Radebeul Ost–Radeburg; Egglham 1994.

Wagner, Wolfram; Scheffler, Reiner: Die sächsische VII K, Die Geschichte der Baureihe 99^{73-79}; Egglham 1993.

Zeitschriftenartikel und andere Veröffentlichungen

Dönau, Helmut: Von der Bn2t zur 1'E1'h2t – 100 Jahre Bergwerksbahn, in: Modelleisenbahner, Heft 12/1980, S. 350–355.

Ebel, Jürgen U.: Mit dem Meßwagen von Zittau nach Jonsdorf, Ölgefeuerte 099 751 auf dem Prüfstand, in: Eisenbahn-Kurier, Heft 7/1994, S. 48–49.

Gütter, R.; Grun, E.; Böhme, K.: Teilweise Umstellung des mittelsächsischen Schmalspurnetzes auf Dieselbetrieb, in: Deutsche Eisenbahntechnik, Heft 7/1959, S. 354–358.

Kienast, Peter-Götz: Was wird aus den Schmalspurbahnen?, in: Modelleisenbahner, Heft 2/1982, S. 54.

Loberenz, Jürgen: Kupfer – Auf dem Wege, in: Harz-Züge, Heft 3/1992, S. 6–10.

Loberenz, Jürgen: Kupfer – Auf dem Wege II, in: Harz-Züge, Heft 1/1993, S. 6–8.

Lohse, Walter; Bäzold, Dieter: Das Thumer Schmalspurnetz, in: Modelleisenbahner, Heft 12/1975, S. 350–353.

Lohse, Walter; Bäzold, Dieter: Das Thumer Schmalspurnetz (2), in: Modelleisenbahner, Heft 1/1976, S. 14–17.

Lohse, Walter; Bäzold, Dieter: Das Thumer Schmalspurnetz (3), in: Modelleisenbahner, Heft 2/1976, S. 51–53.

Lohse, Walter; Bäzold, Dieter: Das Thumer Schmalspurnetz (4, Schluss), in: Modelleisenbahner, Heft 4/1976, S. 124–126.

Preuß, Reiner: Über die Anfänge der sächsischen Schmalspurbahnen, in: Modelleisenbahner, Heft 4/1978, S.95–96.

Preuß, Reiner: 100 Jahre Schmalspurbahn in Sachsen, in: Modelleisenbahner, Heft 10/1981, S.291–293.

Siegel, Helmut: Fristarbeiten auf dem Bahnhof Schönfeld-Wiesa in: Modelleisenbahner, Heft 6/1980, S. 162–163.

Spranger, Burkhard; Dietzmann, Hans: Die Schmalspurbahnen in Sachsen, in: Eisenbahn-Jahrbuch 1967, Ein internationaler Überblick, Berlin 1967, S. 143–151.

Steinbiß, Karl: Bremsen und Kupplungen, in: Das Eisenbahnwesen der Gegenwart, Band I, Berlin 1911, S.190–196.

Wohllebe, Dipl-Ing. Erich: Die sächsischen Schmalspur-Lokomotiven der Gattung I K, Ib K, II K und III K, in: Lok-Magazin, Heft 18 (Januar 1966), S. 8–14.

Wohllebe, Dipl-Ing. Erich: Die sächsischen Schmalspur-Lokomotiven, in: Lok-Magazin, Heft 22 (Februar 1967), S. 6–14.

verschiedene Ausgaben der Zeitschrift »Eisenbahn-Kurier««, Freiburg, 1978–1998.

verschiedene Ausgaben der Zeitschrift »Lok-Report«, Münster, 1976–1998.

verschiedene Ausgaben der Zeitschrift »Lokrundschau«, Hamburg, 1975–1998.

Dienstliche Unterlagen

Statistik der Eisenbahnen im Deutschen Reich (verschiedene Ausgaben).

Königlich Sächsisches Finanz-Ministerium: Statistischer Bericht über den Betrieb der unter Königlich sächsischer Staatsverwaltung stehenden Staats- und Privatbahnen (verschiedene Ausgaben).

Deutsche Reichsbahn: Merkbuch für Triebfahrzeuge, DV 939 Tr., Ausgabe 1962; Berlin 1962.

Reichsbahn-Zentralamt: Merkbuch für die Fahrzeuge der Reichsbahn, II: Schmalspurfahrzeuge; Berlin 1927.

verschiedene Buchfahrpläne und Kursbücher.

Betriebsbücher der Baureihe 99[77-79].